뷰티테라피스트를 위한

SEMI PERMANENT MAKE UP

반영구화장 실전 스킬

패턴북

김윤희 저

 다락원

머리말

현재 우리나라 반영구화장 기술의 우수성은 이미 해외에서도 인정받고 있습니다. 반영구화장의 다양한 기술 발전으로 반영구화장 시장은 급속도로 성장하고 있으며, 세계적으로 반영구화장 아티스트가 경쟁력을 갖춘 직업군으로 각광받고 있는 추세입니다.

이번에 출간하는 〈뷰티테라피스트를 위한 반영구화장 실전 스킬 패턴북〉은 반영구화장 기술을 익히고 학습함에 있어 최적화된 교재로 다음과 같은 특징이 있습니다.

뷰티테라피스트를 위한 반영구화장 실전 스킬 패턴북

1. 반영구화장 실전 스킬에서 가장 중요한 다양한 눈썹 결의 흐름을 이해하고 응용할 수 있도록 자세한 시술 과정을 수록하였습니다.

2. 반영구화장 실전 스킬에서 꼭 익히고 학습해야 하는 필수 패턴을 수록하였습니다.

• 반영구화장 도구 사용 방법	• 반영구화장 부위별 색소 사용 방법
• 눈썹 디자인 공식	• 눈썹, 아이라인, 입술, 헤어라인 디자인 패턴

3. 반영구화장 입문자부터 전문가까지 눈썹, 아이라인, 입술, 헤어라인의 다양한 패턴을 누구나 쉽게 익히고 따라할 수 있도록 연습 페이지를 수록하였습니다.

〈뷰티테라피스트를 위한 반영구화장 실전 스킬 패턴북〉이 반영구화장의 전문 시술자가 되기 위해 더욱 발전해 나가는 아티스트들의 기본 참고서로 활용되기를 소망합니다.

목 차

PART I

반영구화장 이론

자연스러운
눈썹, 아이라인, 입술, 헤어라인

여자

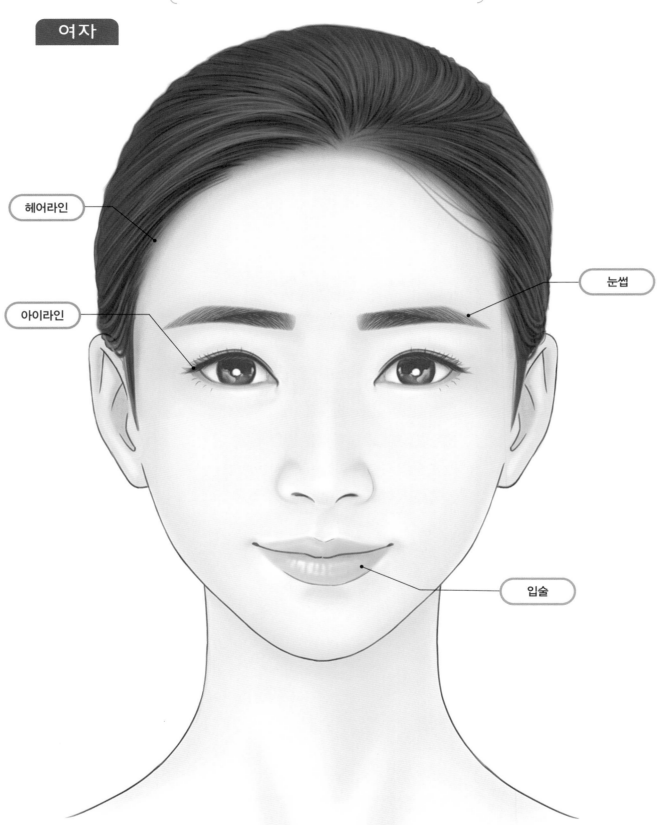

헤어라인

눈썹

아이라인

입술

반영구화장의
다양한 실전 스킬을 만나다

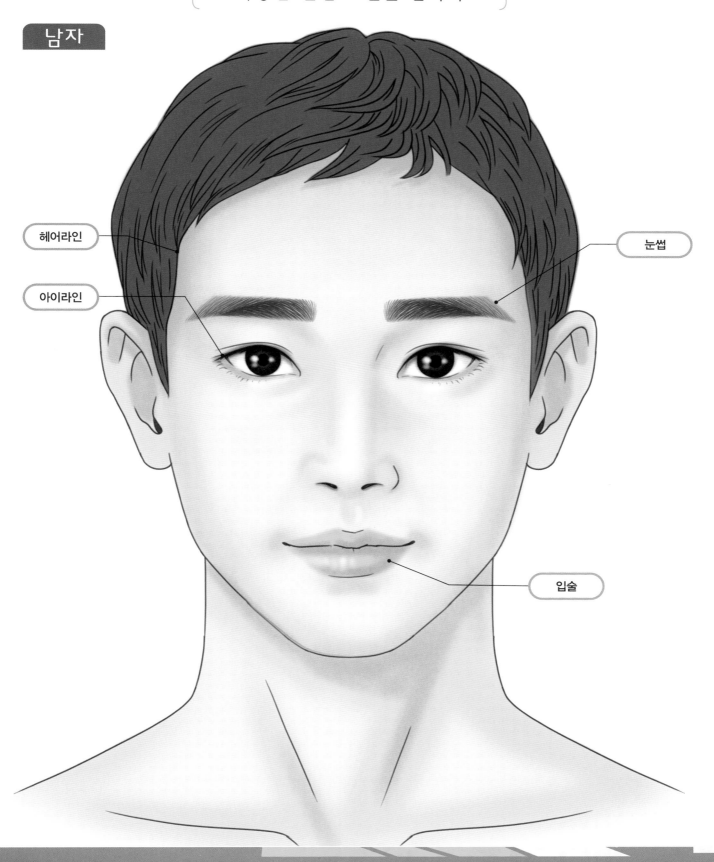

남자

헤어라인

아이라인

눈썹

입술

1 엠보 기법으로 시술 시 피부 깊이

엠보 기법으로 시술할 때 시술 깊이는 표피의 기저층까지 시술하는 것을 원칙으로 한다. 표피 두께는 평균 0.2~0.6mm이지만, 피부 타입과 피부 위치에 따라 표피의 두께는 달라진다. 시술 시 출혈이 많이 발생하지 않아야 하며, 상처가 벌어지지 않도록 유의해야 한다.

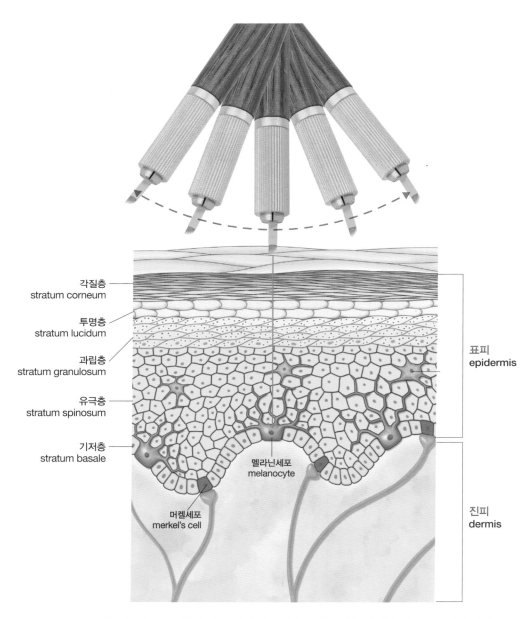

각질층
stratum corneum

투명층
stratum lucidum

과립층
stratum granulosum

유극층
stratum spinosum

기저층
stratum basale

표피
epidermis

멜라닌세포
melanocyte

진피
dermis

머켈세포
merkel's cell

⊗ 화살표 방향으로 피부와 닿는 면의 시작점과 끝나는 점을 일정한 힘으로 가볍게 터치

2 엠보대 끼우는 방법

1 엠보대에 니들을 끼우기 전 먼저 십자홈에 니들이 들어갈 수 있도록 열어준다.

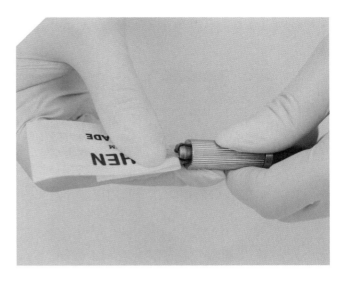

2 니들은 완전히 꺼내지 않고 끝부부만 개방하여 십자홈에 끼워준다.

3 니들을 끝에서부터 1cm까지 넣어주고 입구 부분을 돌려 움직이지 않도록 고정시킨다.

4 끼워진 니들의 방향과 남겨진 길이를 확인한다.

3 엠보대 니들 각도 사용 방법

사선 니들을 사용할 경우 시술자의 선호도와 작업의도에 따라 니들 방향을 다르게 사용할 수 있다.

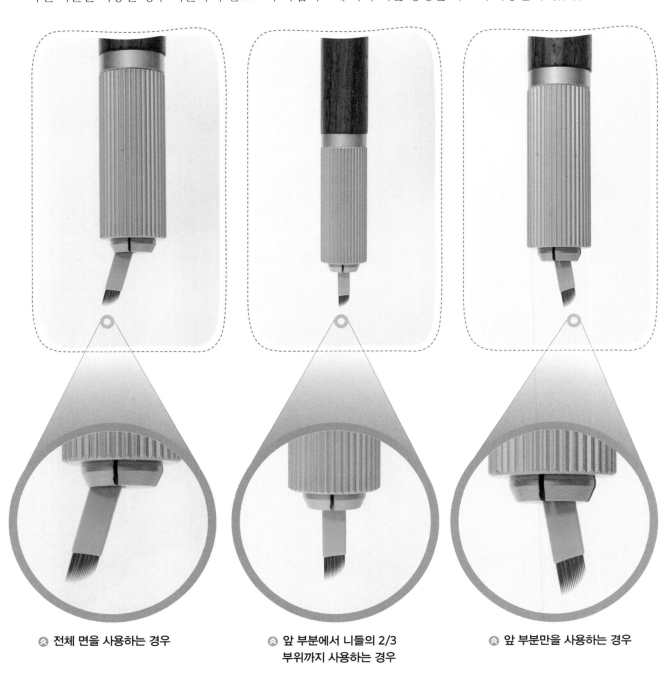

⊗ 전체 면을 사용하는 경우   ⊗ 앞 부분에서 니들의 2/3 부위까지 사용하는 경우   ⊗ 앞 부분만을 사용하는 경우

1 디지털 머신 쉐딩 기법 시술 시 피부 깊이

디지털 머신 쉐딩 기법 시술 시 90도 각도로 리듬에 맞추어 스윙하듯이 부드럽게 시술하고 시술 깊이는 표피 각질층까지 시술한다.

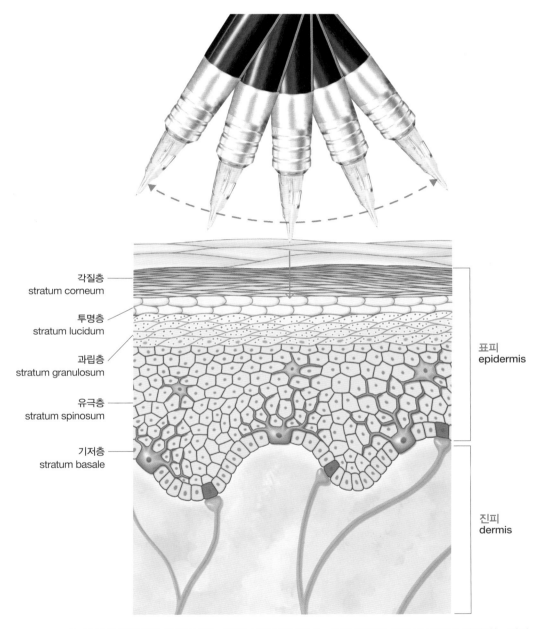

각질층
stratum corneum

투명층
stratum lucidum

과립층
stratum granulosum

유극층
stratum spinosum

기저층
stratum basale

표피
epidermis

진피
dermis

⊗ 화살표 방향으로 피부와 닿는 면의 시작점과 끝나는 점을 일정한 힘으로 가볍게 터치하는 기법

2 디지털 머신 사용 방법

사용하는 디지털 머신은 1회용 소모품이 아니기 때문에 디지털 머신 사용 전 손에 닿는 부위에 1회용 위생 용품을 사용하여 철저하게 위생관리를 해야 한다.

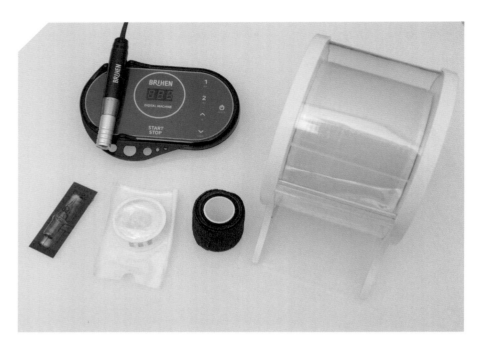

1 먼저 디지털 머신의 본체, 핸드피스, 사용할 니들을 준비한다. 여기에 사용할 1회용 베리어 필름, 클립코드 슬리브, 그립밴드를 준비한다.

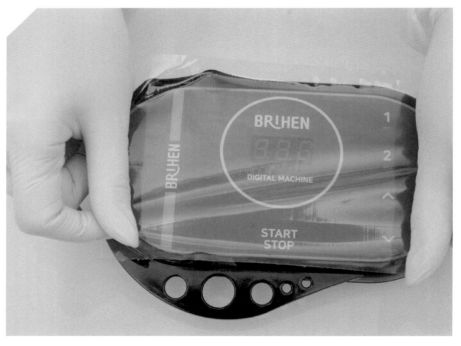

2 손으로 터치하게 되는 디지털 머신 본체에 베리어 필름을 부착 시켜준다.

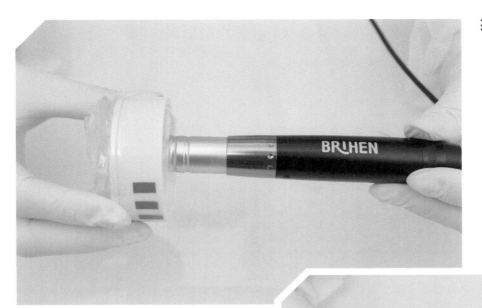

3 핸드피스와 본체를 연결하는 코드는 시술 시 시술자나 고객의 몸에 스치는 경우가 많이 발생한다. 따라서 1회용 위생커버인 클립코드 슬리브를 핸드피스 부분에서 본체에 연결되는 코드까지 길게 끼워준다.

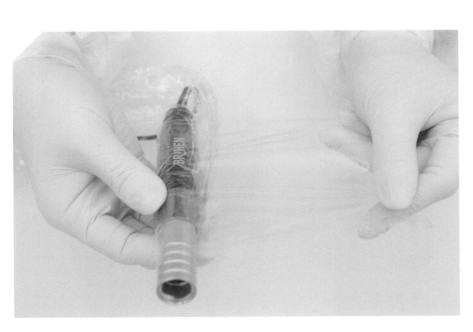

4 핸드피스에 클립코드 슬리브를 끼우고 고정시키기 위해 위에 베리어 필름을 전체적으로 감싸준다.

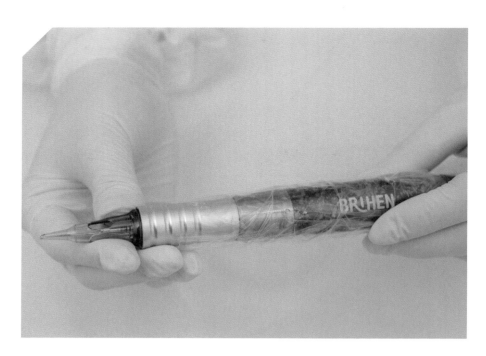

5 사용할 1회용 니들을 끼우고 니들의 길이를 조절해 준다.

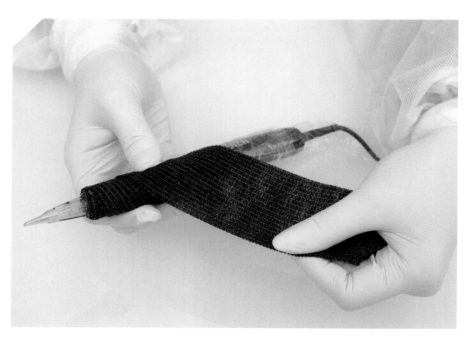

6 1. 핸드피스를 잡을 때 필름으로 인해 미끄러지지 않도록 그립밴드를 감싸준다.

2. 사용자의 손 크기나 사용감에 따라 그립밴드의 두께를 조절하면서 감아준다.

3 디지털 머신 그립 각도

1. 디지털 머신 페더링 기법 작업 시 디지털 머신 각도는 90도를 가장 많이 사용하며, 부분적인 곡선 또는 니들의 종류에 따라 75도, 45도 각도를 다양하게 사용한다.
2. 1R 니들을 사용할 경우 니들의 가장 끝 부분만을 사용하기에 디지털 머신 각도가 너무 눕혀지지 않도록 주의해야 한다.

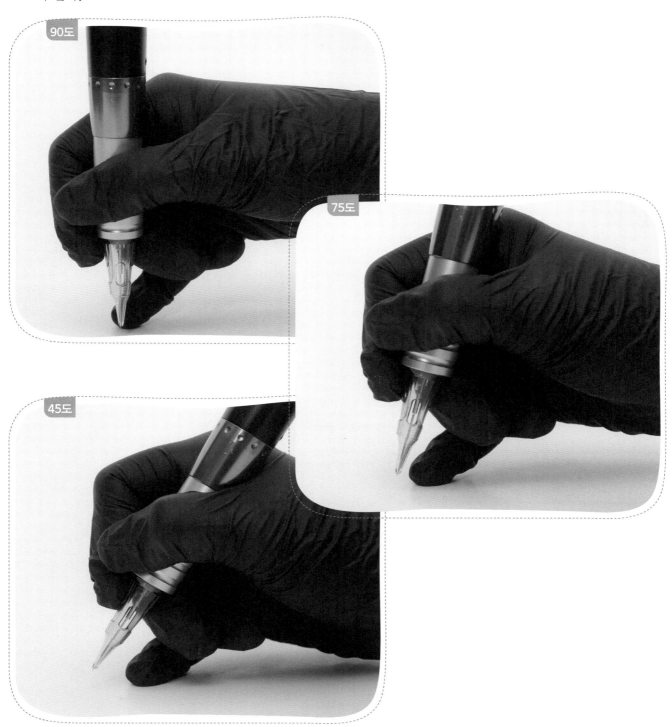

본연의 눈썹 컬러와 톤을 고려한 색 조합이 중요하다. 특히, 중화 및 커버 작업에서 색의 원리를 고려하여 색소 조합을 해야 한다.

1 여자 눈썹 색소

1 눈썹 색소 조합

⊗ 브라운 2 + 블루 코렉터

⊗ 브라운 3 + 레드 코렉터

❖ 브라운 3 + 그레이

2 붉은 잔흔커버 색소 조합

❖ 브라운 2 + 블루 코렉터 + 레드 코렉터

3 푸른 눈썹중화 색소 조합

❖ 다크 코렉터

2 남자 눈썹 색소

1 눈썹 색소 조합

△ 브라운 1 + 블루 코렉터

△ 브라운 1 + 그레이

3 입술 색소

1 색소 컬러

1. 리빙코랄, 핑크파, 레드락 개별 또는 혼합해서 사용 가능하다.

2 보정 시술 색소 조합

1. 어두운 톤 입술은 다크 코렉터 + 리빙코랄 + 만다린이다.

3 투톤 입술 연출 색소 조합

1. 베이스(리빙코랄) + 입술 안쪽(레드락)
2. 리빙코랄 컬러로 베이스 연출 후 입술 안쪽에 레드락 컬러를 자연스럽게 넣어주면 투톤의 느낌을 살릴 수 있다.

4 헤어라인 색소

본연의 헤어컬러 톤에 맞추어 색소 조합을 해주어야 하며, 모발의 밝기에 따라 브라운 2번 또는 브라운 3번을 추가한다.

1 색소 컬러

⊗ 브라운 1 + 그레이

⊗ 브라운 1 + 블루 코렉터

PART
II

반영구화장 실전 스킬 패턴 ①

뷰티테라피스트를 위한 **반영구화장 실전 스킬 패턴북**

① 이상적인 여자 눈썹 디자인

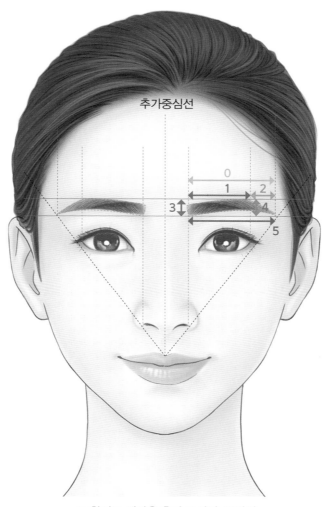

⊗ **핫핑크 색상은 추가 중심선, 꼬릿선**

0. 여자 눈썹 평균 길이 = 5.5cm

1. 눈썹 앞머리~눈썹 산 길이 = 3.5cm

2. 눈썹 산~눈썹 꼬리 길이 = 2cm

3. 눈썹 앞머리 평균 두께 = 0.8~1cm

4. 앞머리 두께보다 눈썹 산 두께가 동일하거나 더 얇다. = −0.2cm

5. 앞머리 아랫선과 꼬릿선은 동일하거나 +0.2~0.3cm 높게 위치한다.

눈썹 길이는 평균값을 기준으로 얼굴형과 비율에 따라 다르게 적용된다.

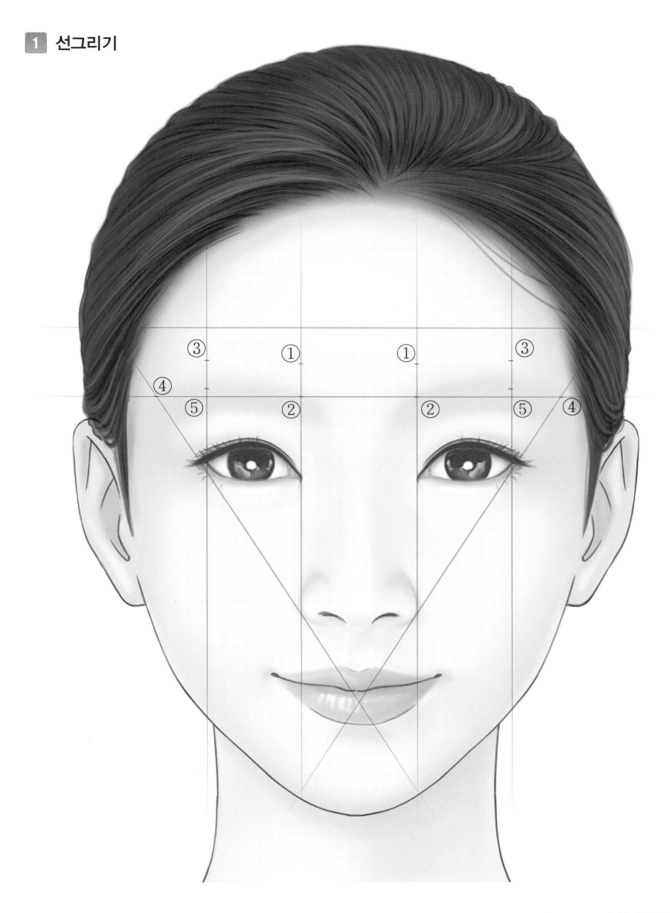

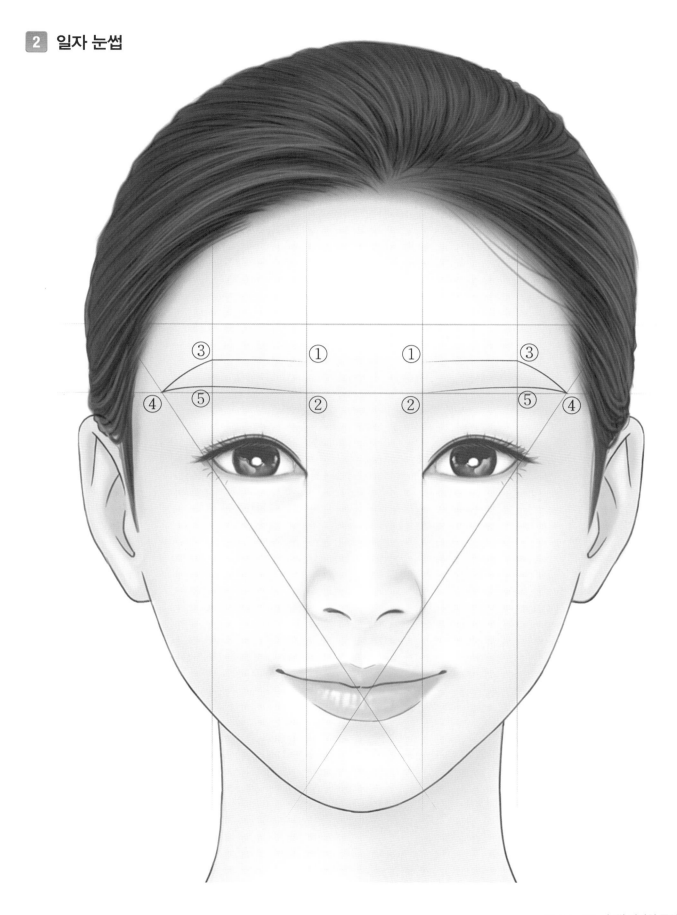

3 세미 아치 눈썹

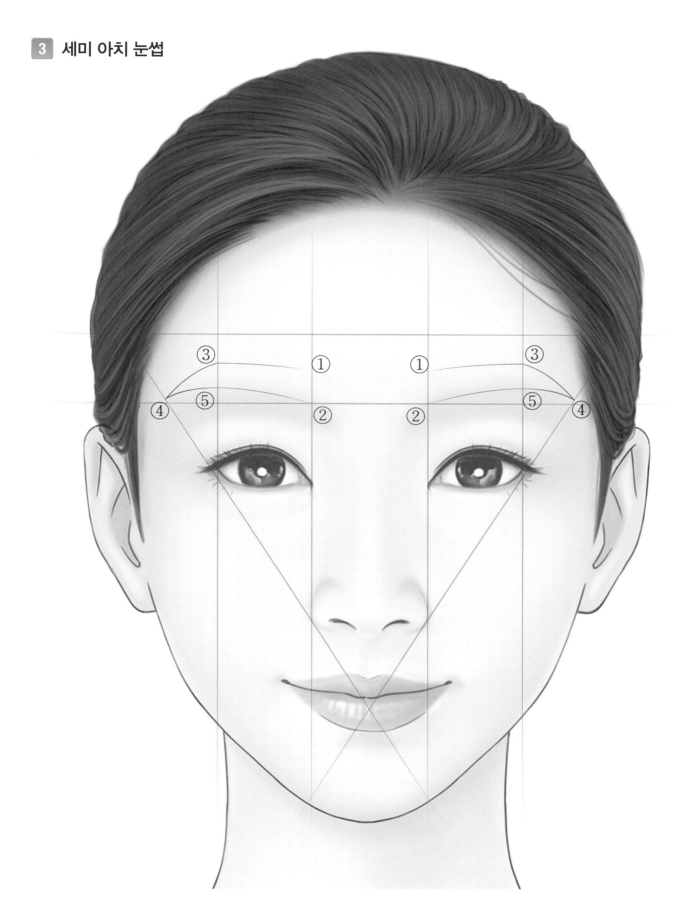

뷰티테라피스트를 위한 **반영구화장 실전 스킬 패턴북**

4 상승형 눈썹

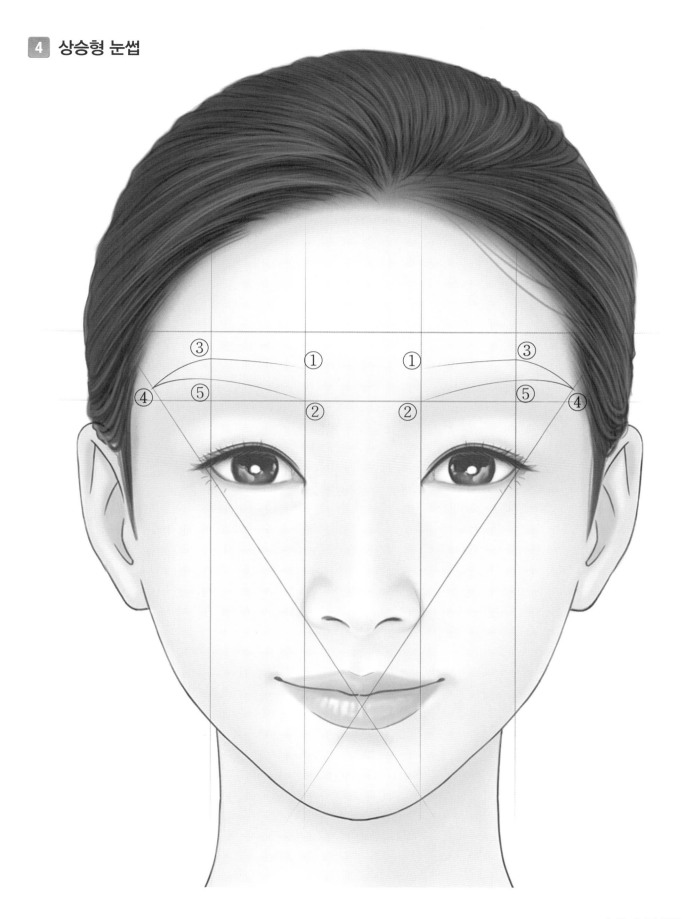

5 아치 눈썹

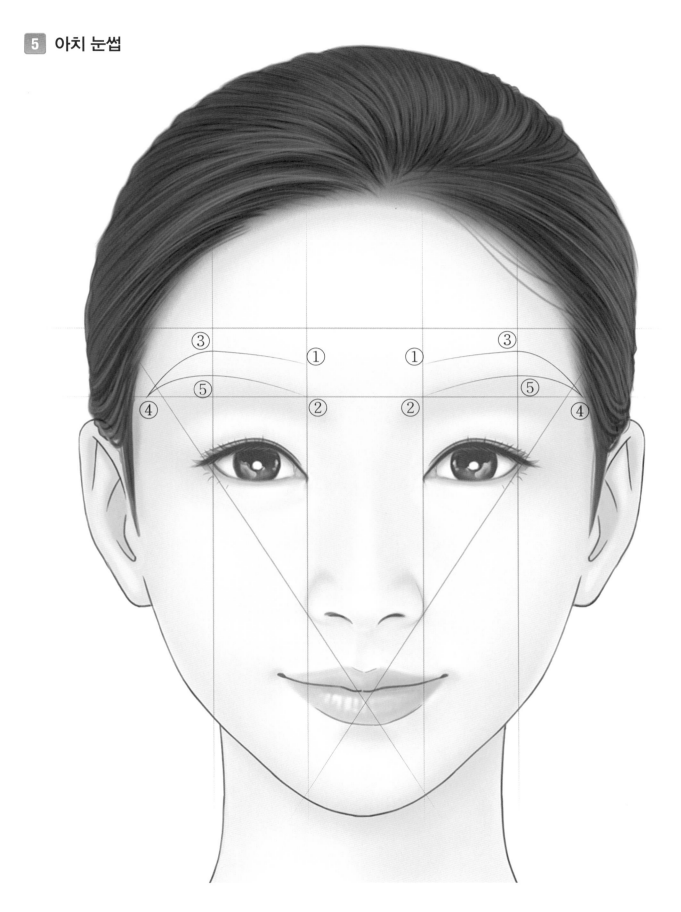

② 여자 눈썹 디자인에 따른 이미지

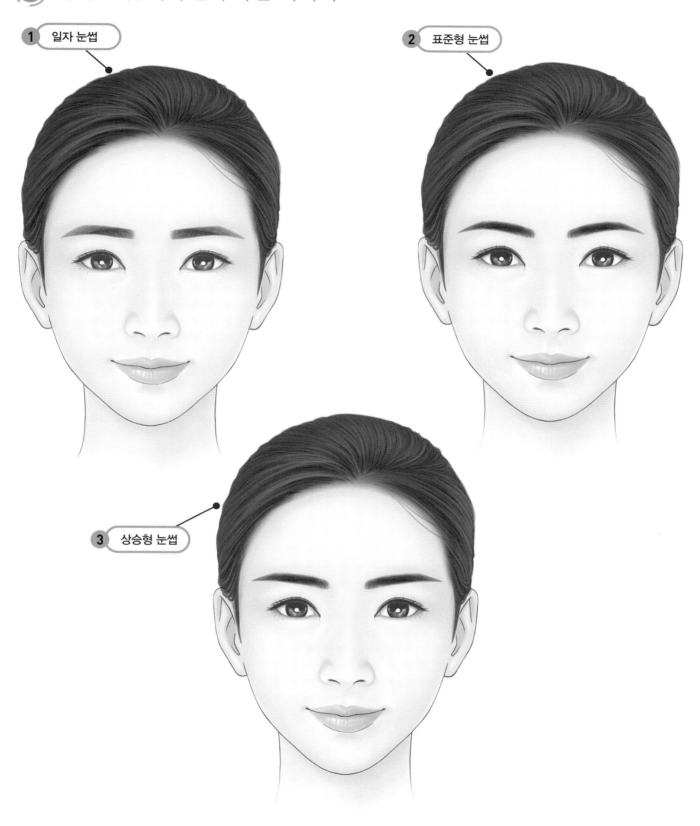

1 일자 눈썹

2 표준형 눈썹

3 상승형 눈썹

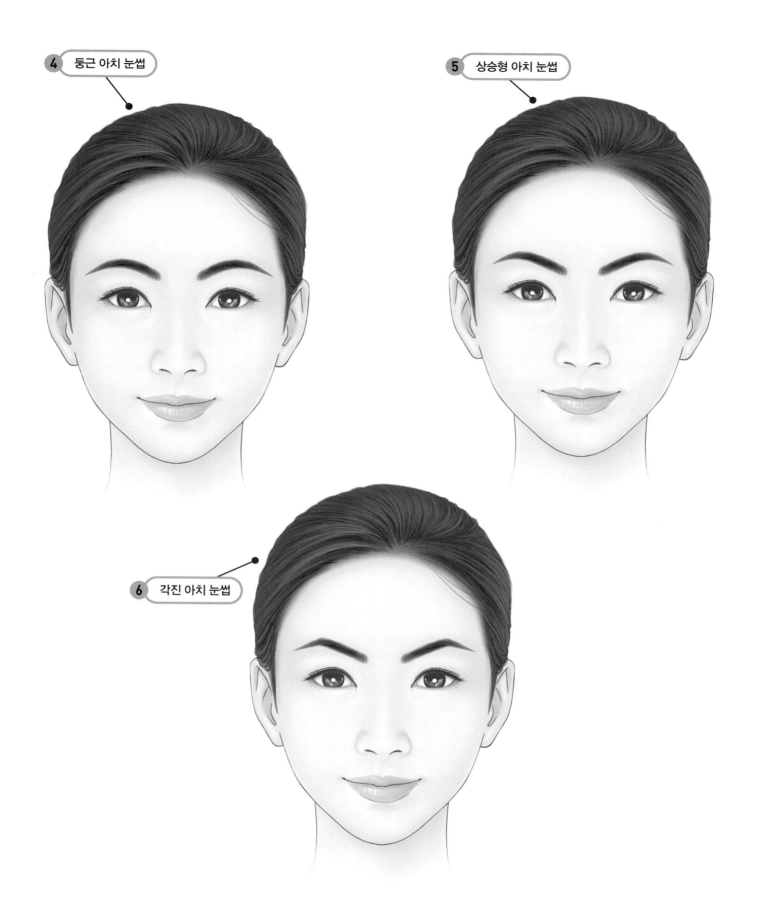

4 둥근 아치 눈썹

5 상승형 아치 눈썹

6 각진 아치 눈썹

뷰티테라피스트를 위한 **반영구화장 실전 스킬 패턴북**

③ 이상적인 남자 눈썹 디자인

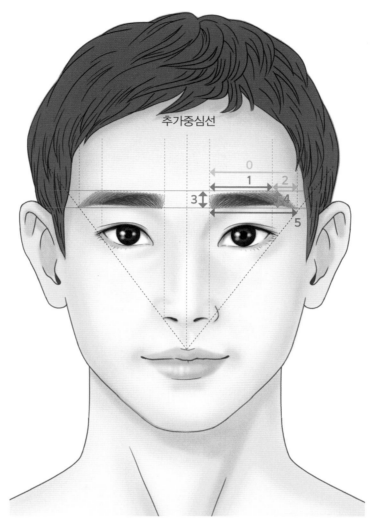

⏫ **핫핑크 색상은 추가 중심선, 꼬릿선**

0. 남자 눈썹 평균 길이 = 5.5~6cm

1. 눈썹 앞머리~눈썹 산 길이 = 3.5~4cm

2. 눈썹 산~눈썹 꼬리 길이 = 1.5~2cm

3. 눈썹 앞머리 평균 두께 = 1cm

4. 앞머리 두께보다 눈썹 산 두께가 동일하거나 더 두껍다.= +0.2cm

5. 앞머리 아랫선과 꼬릿선은 동일하거나 +0.2~03cm 높게 위치한다.

눈썹 길이는 평균값을 기준으로 얼굴형과 비율에 따라 다르게 적용된다.

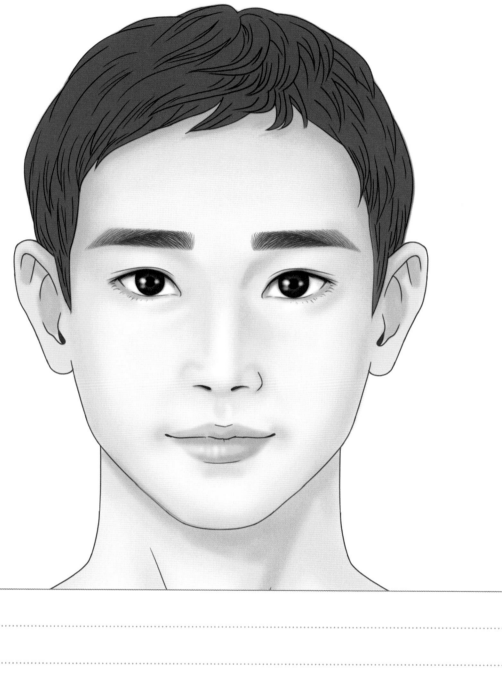

④ 여자 M자 스티커를 이용한 눈썹 디자인

1 여자 M자 스티커자를 이용한 눈썹 디자인

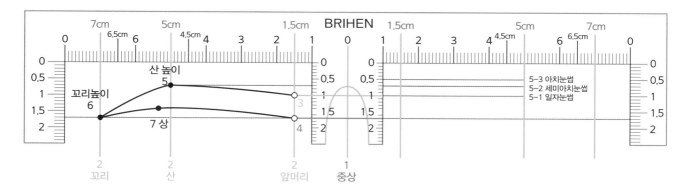

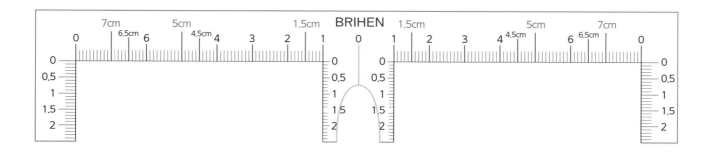

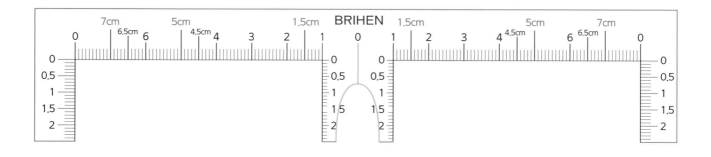

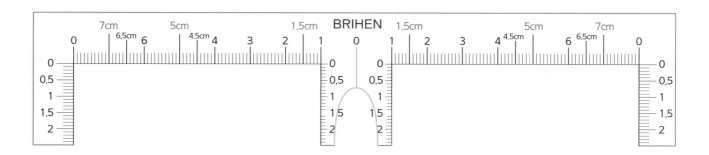

2 패턴 스케치

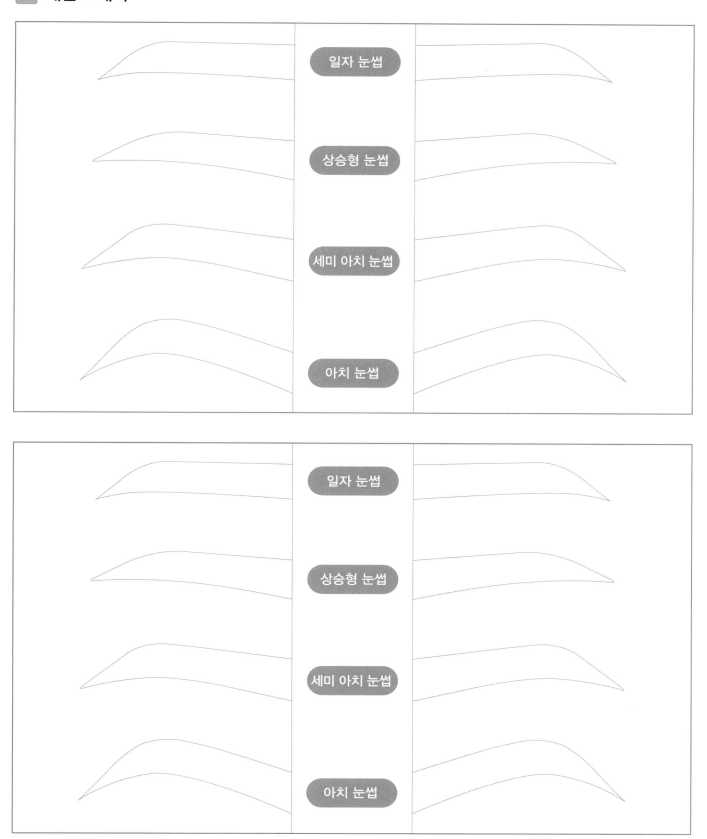

일자 눈썹

상승형 눈썹

세미 아치 눈썹

아치 눈썹

일자 눈썹

상승형 눈썹

세미 아치 눈썹

아치 눈썹

뷰티테라피스트를 위한 **반영구화장 실전 스킬 패턴북**

3 다양한 눈썹 디자인

뷰티테라피스트를 위한 **반영구화장 실전 스킬 패턴북**

뷰티테라피스트를 위한 **반영구화장 실전 스킬 패턴북**

뷰티테라피스트를 위한 **반영구화장 실전 스킬 패턴북**

⑤ 남자 M자 스티커를 이용한 눈썹 디자인

1 남자 M자 스티커자를 이용한 눈썹 디자인

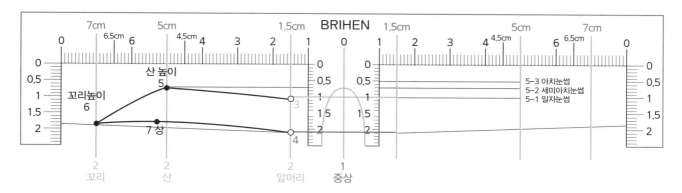

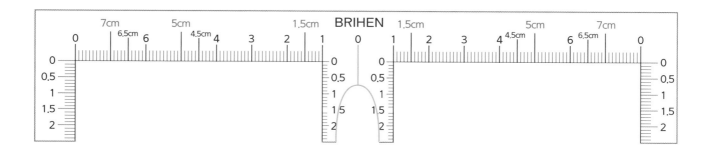

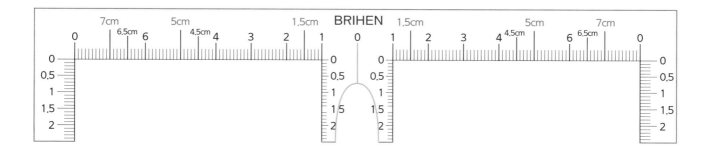

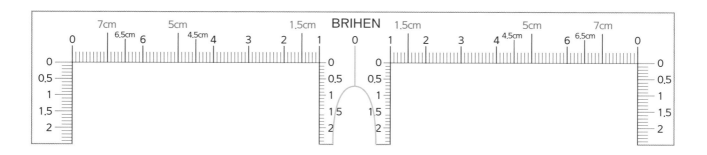

2 패턴 스케치

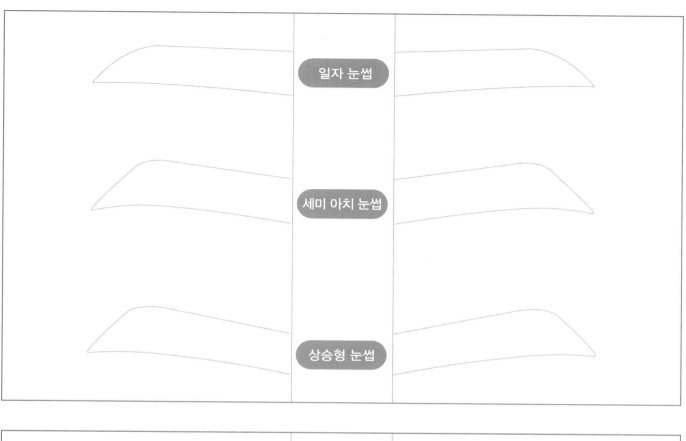

일자 눈썹

세미 아치 눈썹

상승형 눈썹

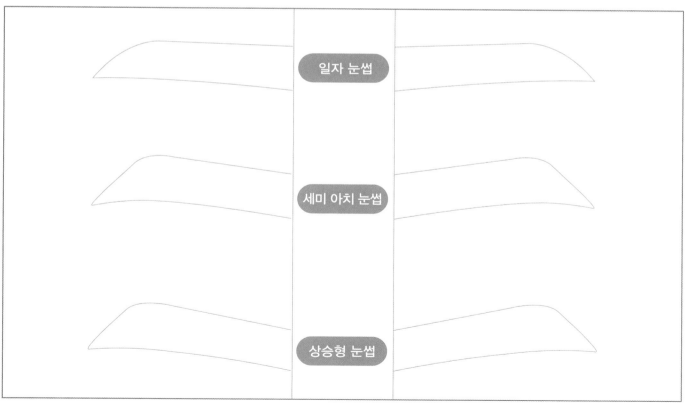

일자 눈썹

세미 아치 눈썹

상승형 눈썹

3 **다양한 눈썹 디자인**

① 여자 눈썹 엠보 기법 패턴

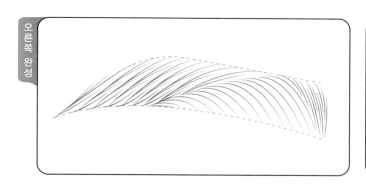

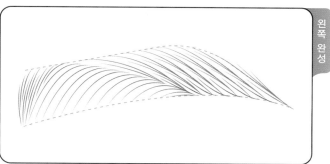

오른쪽 완성 / 왼쪽 완성

1 오른쪽 눈썹 엠보

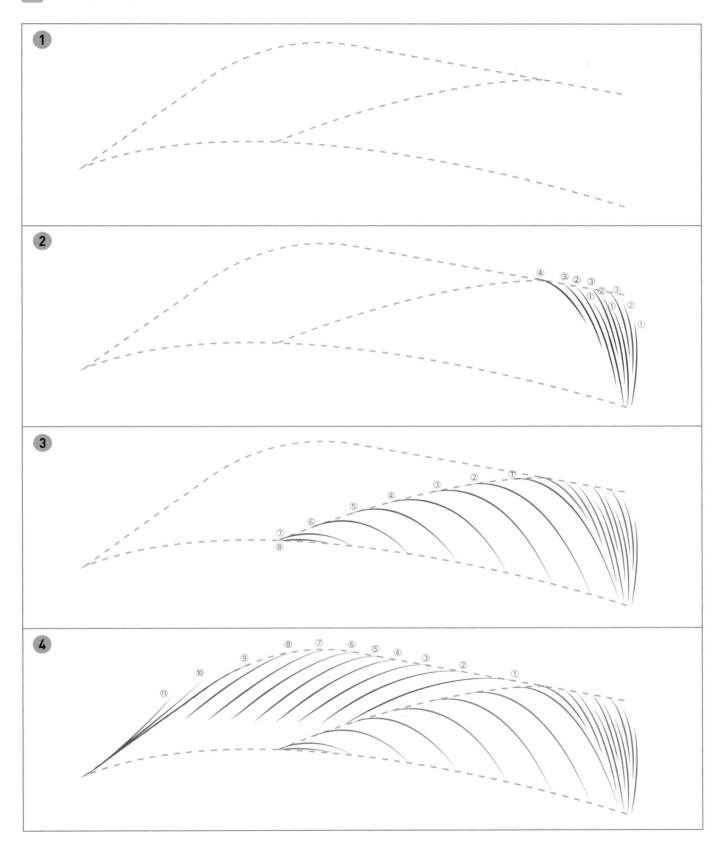

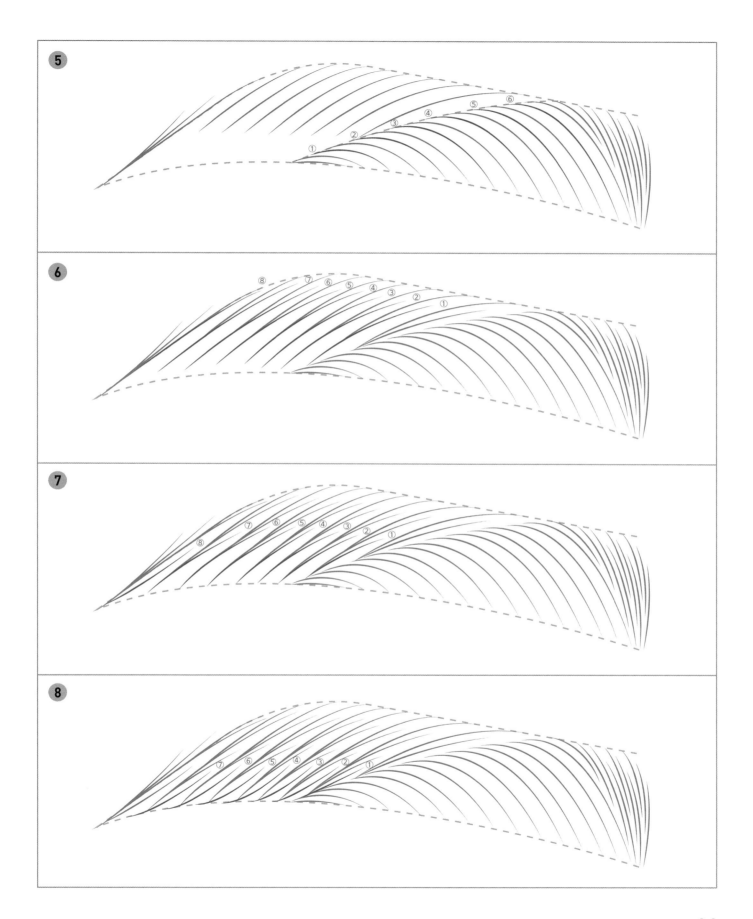

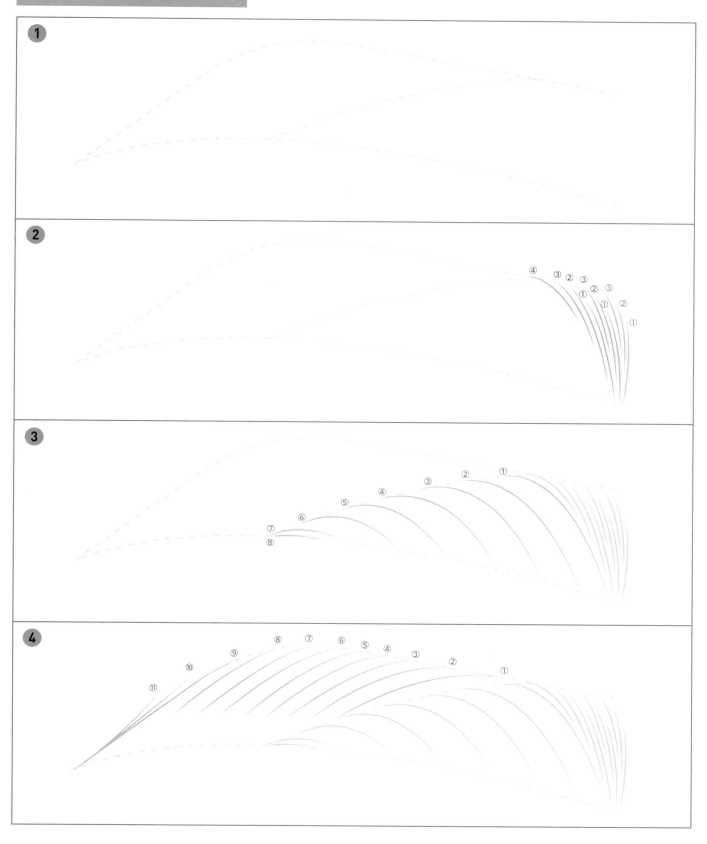

뷰티테라피스트를 위한 **반영구화장 실전 스킬 패턴북**

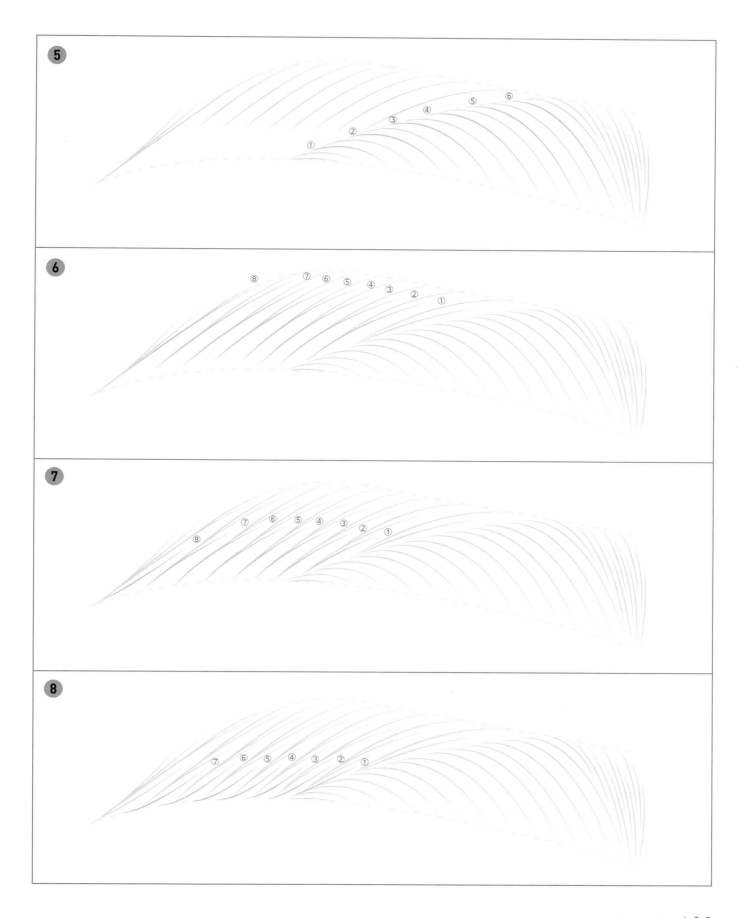

2 왼쪽 눈썹 엠보

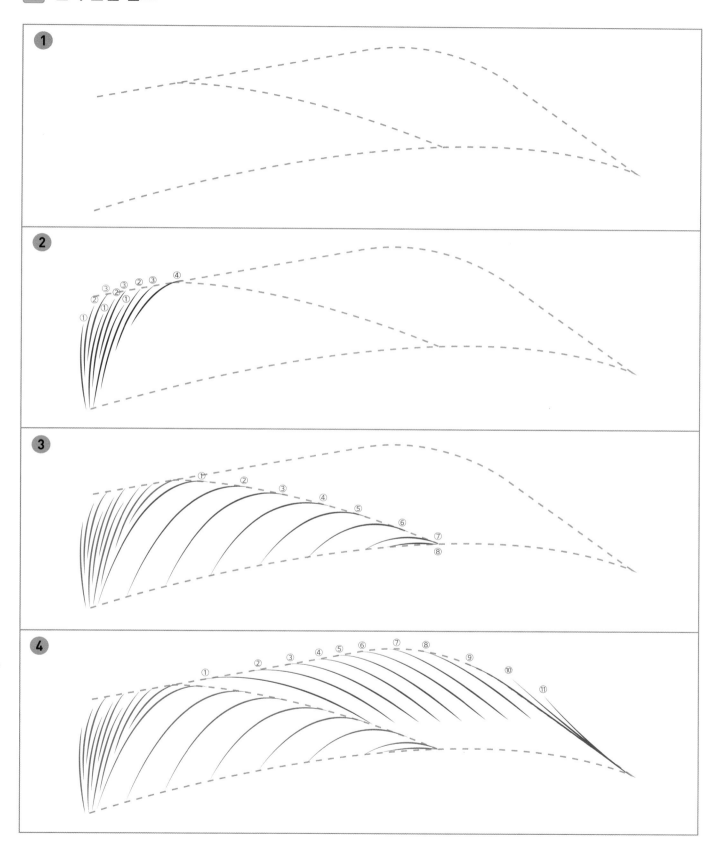

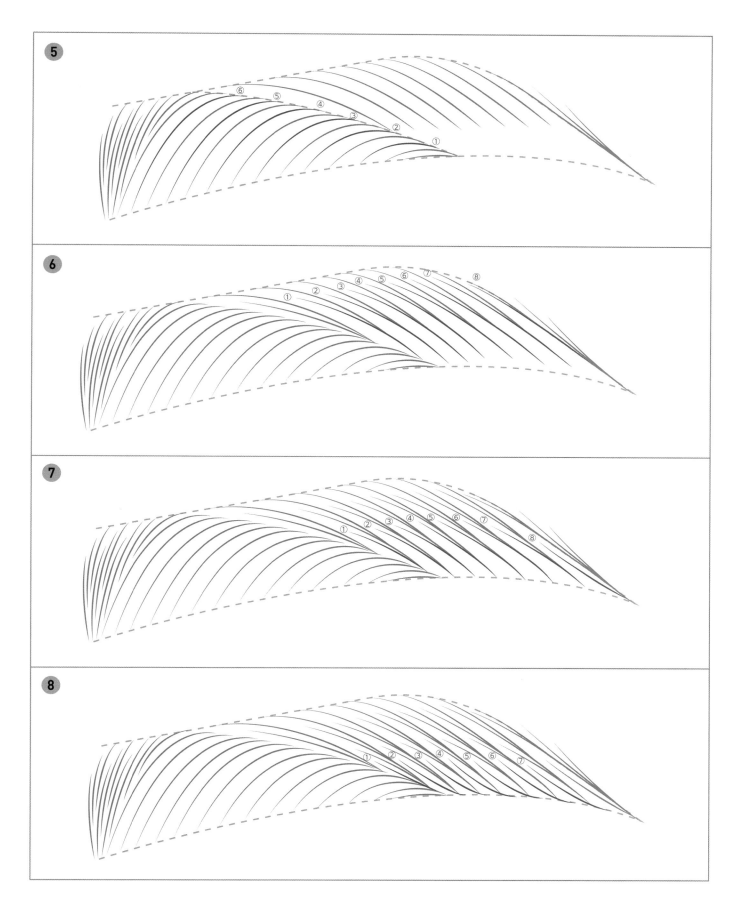

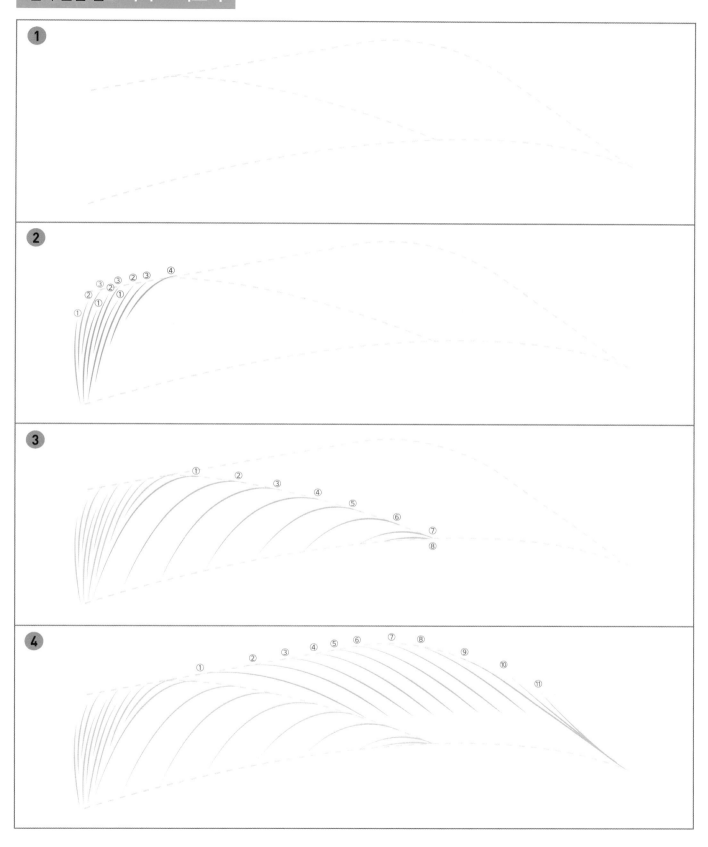

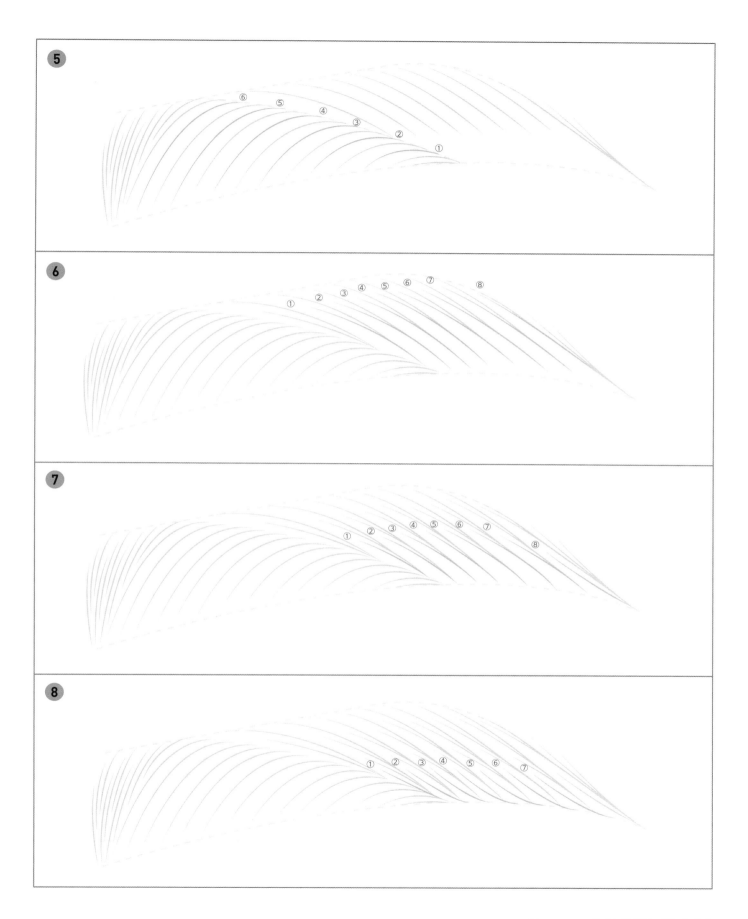

3 오른쪽 눈썹 엠보 앞머리

4 왼쪽 눈썹 엠보 앞머리

5 오른쪽 눈썹 엠보 7-9선

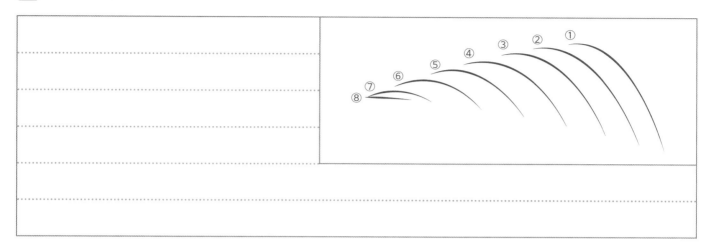

6 오른쪽 눈썹 엠보 7-9선 사이선

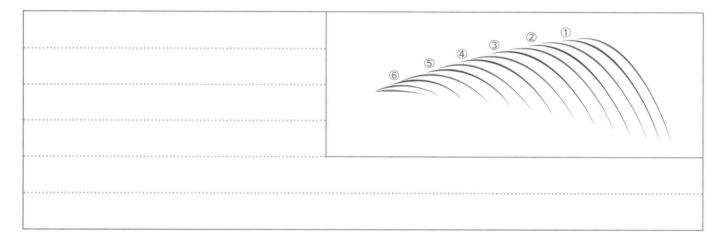

7 왼쪽 눈썹 엠보 7-9선

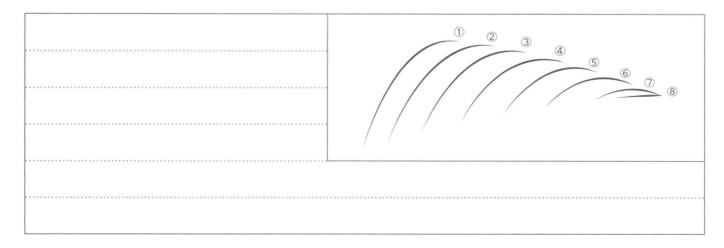

8 왼쪽 눈썹 엠보 7-9선 사이선

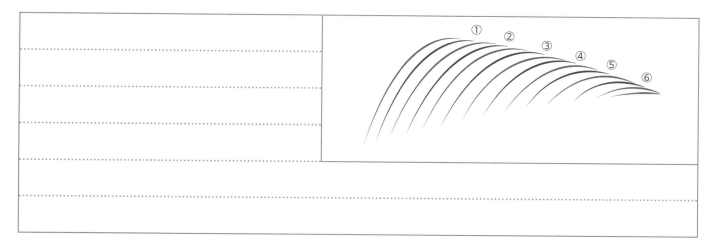

9 오른쪽 눈썹 엠보 지붕선 1단

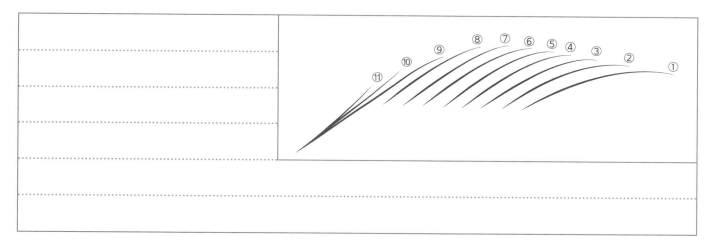

10 오른쪽 눈썹 엠보 지붕선 2단

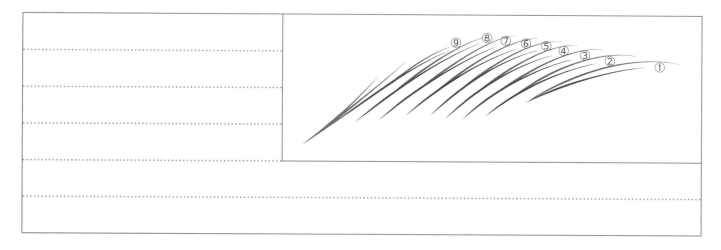

11 오른쪽 눈썹 엠보 지붕선 3단

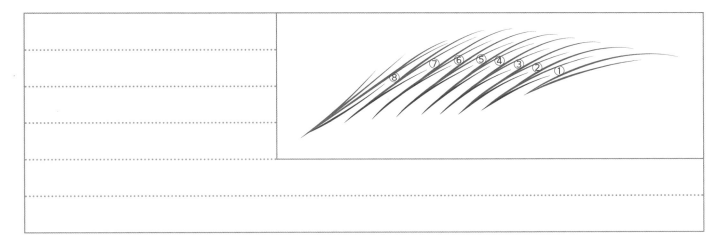

12 오른쪽 눈썹 엠보 지붕선 4단(닫는 선)

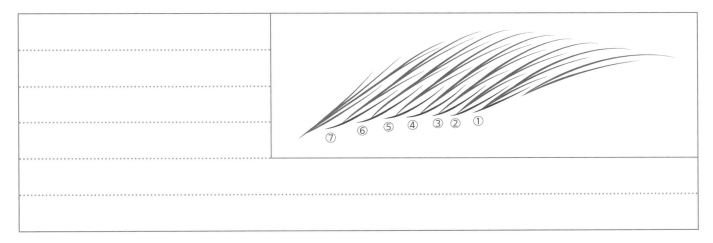

13 왼쪽 눈썹 엠보 지붕선 1단

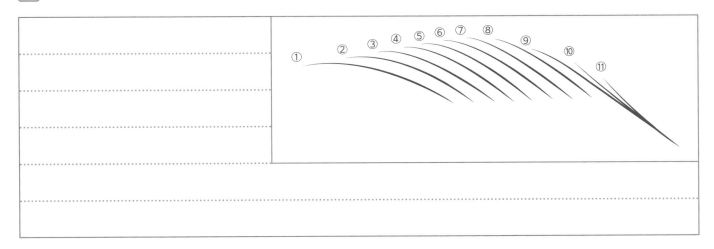

14 왼쪽 눈썹 엠보 지붕선 2단

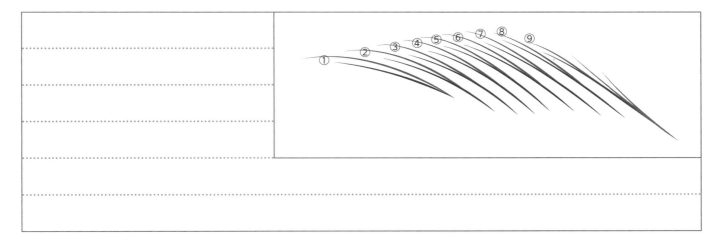

15 왼쪽 눈썹 엠보 지붕선 3단

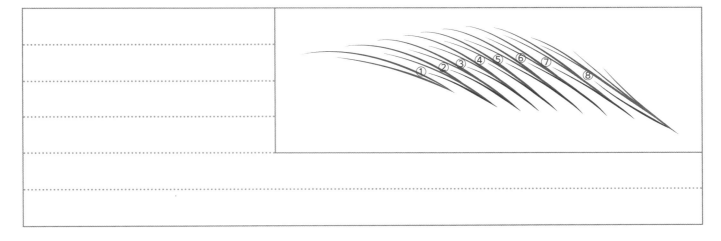

16 왼쪽 눈썹 엠보 지붕선 4단(닫는 선)

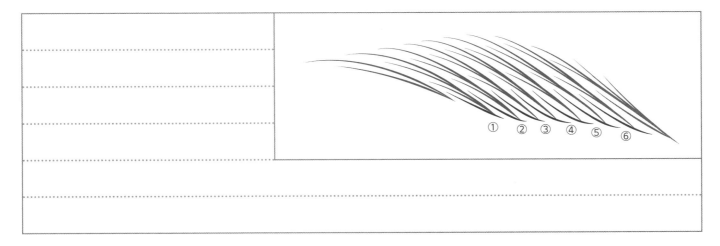

② 여자 눈썹 엠보 기법 패턴 스케치 1

1 오른쪽 눈썹 엠보

뷰티테라피스트를 위한 **반영구화장 실전 스킬 패턴북**

2 왼쪽 눈썹 엠보

③ 여자 눈썹 엠보 기법 패턴 스케치 2

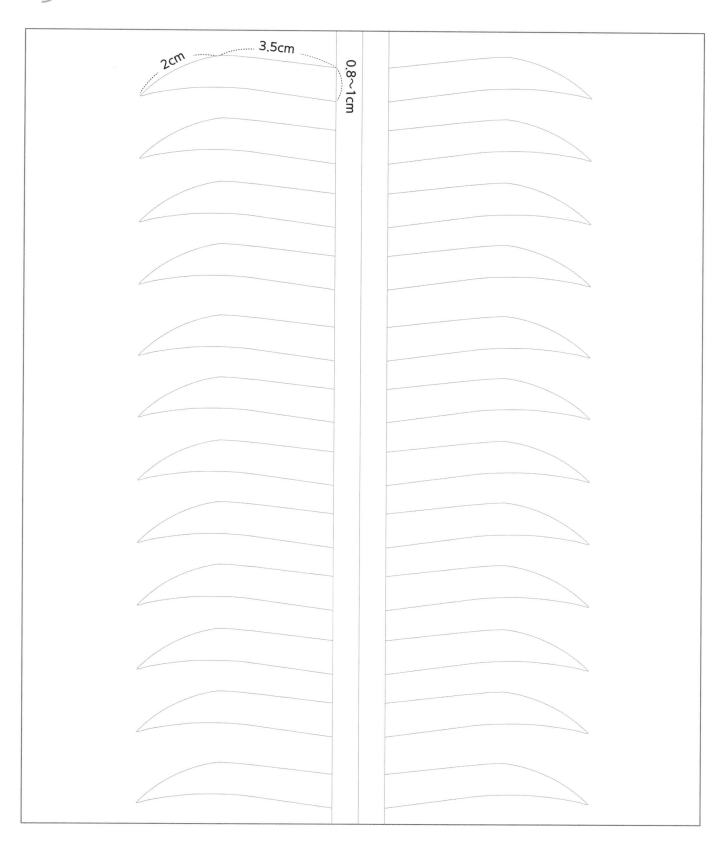

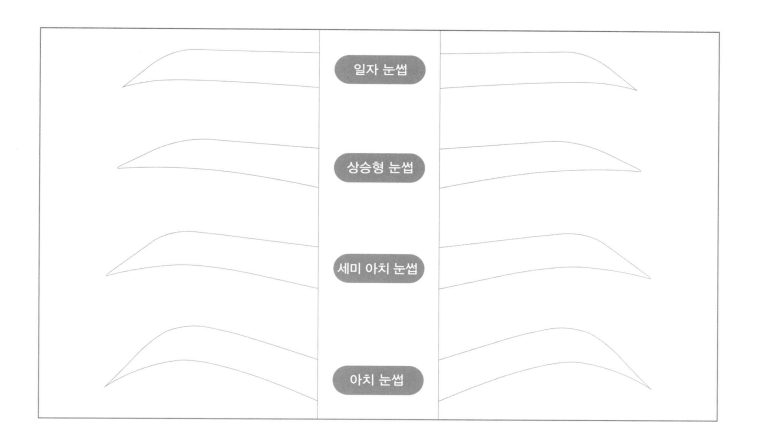

일자 눈썹

상승형 눈썹

세미 아치 눈썹

아치 눈썹

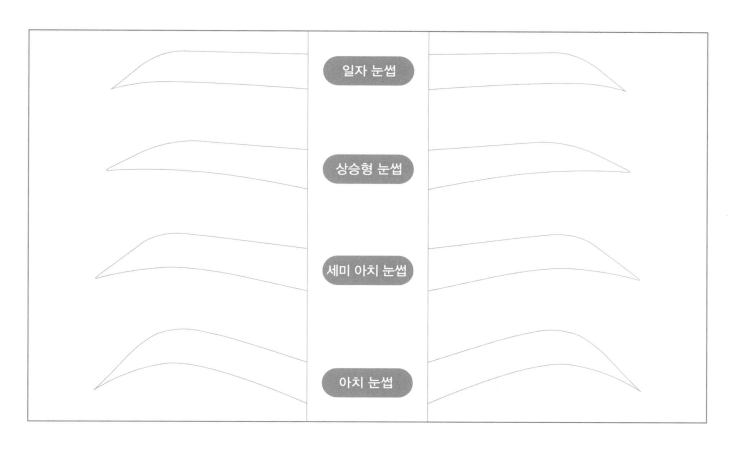

일자 눈썹

상승형 눈썹

세미 아치 눈썹

아치 눈썹

① 여자 눈썹 엠보 응용결 ❶ 기법 패턴

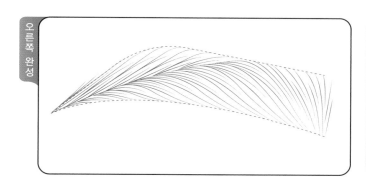
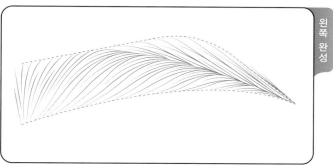

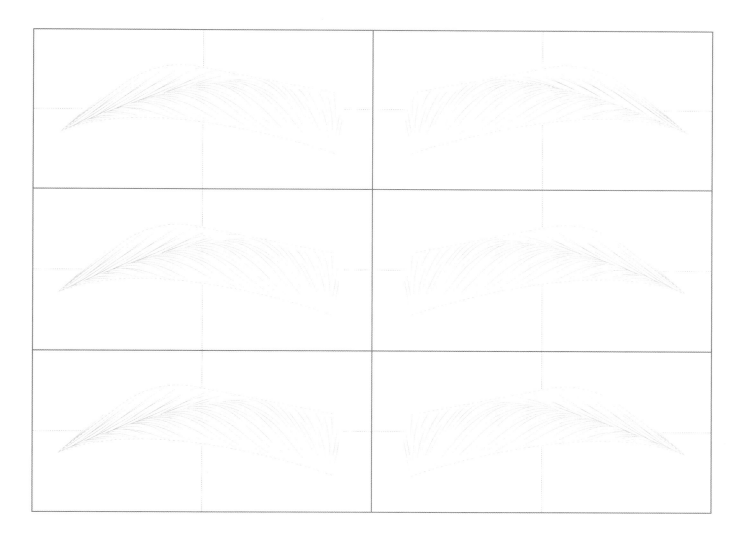

뷰티테라피스트를 위한 **반영구화장 실전 스킬 패턴북**

1 오른쪽 눈썹 엠보 응용결 ❶

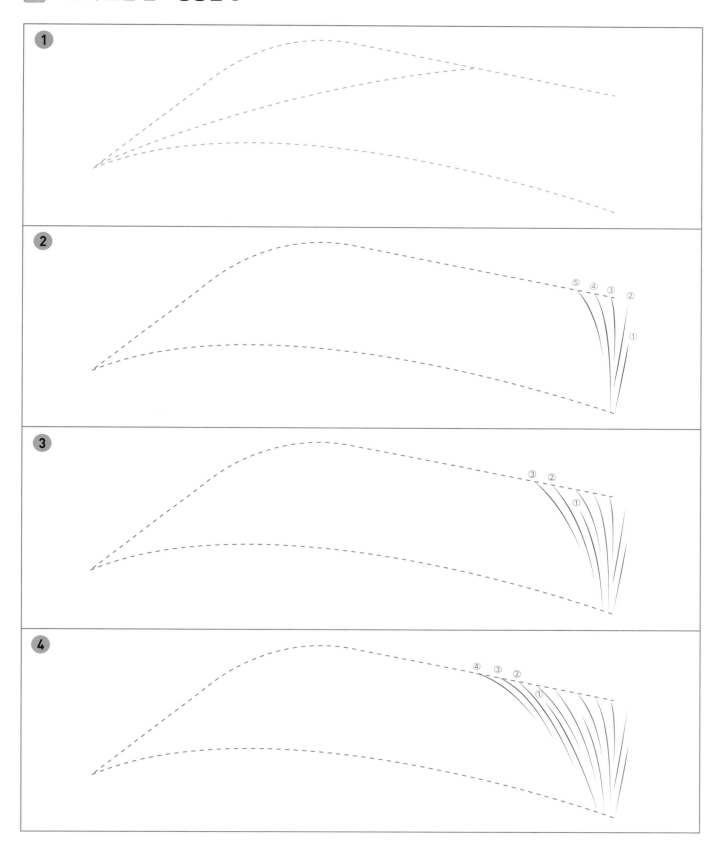

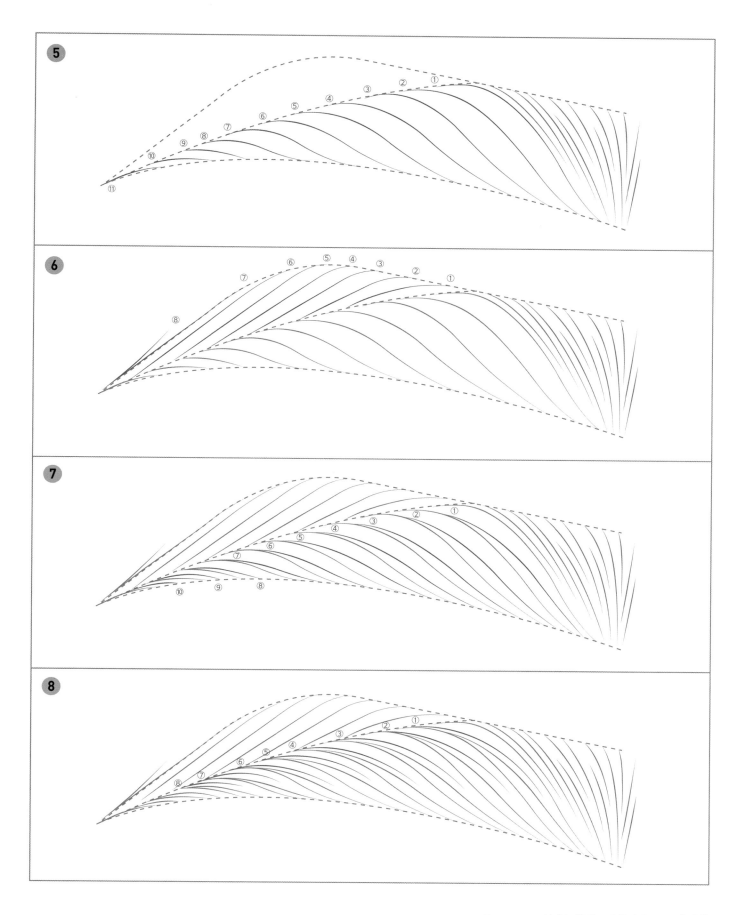

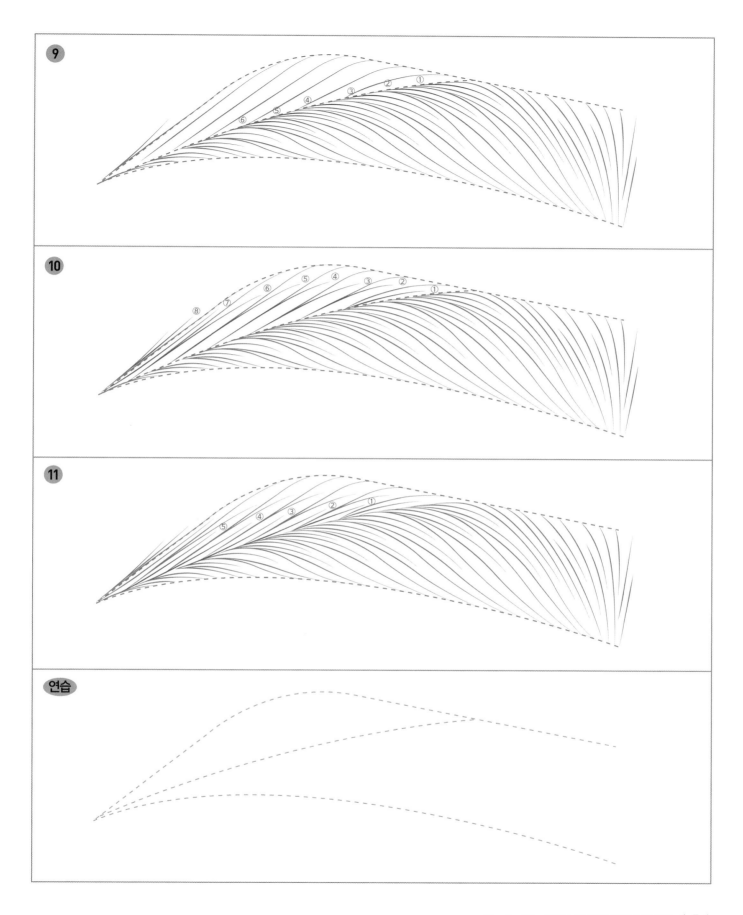

오른쪽 눈썹 엠보 응용결 ❶ 따라 그려보기

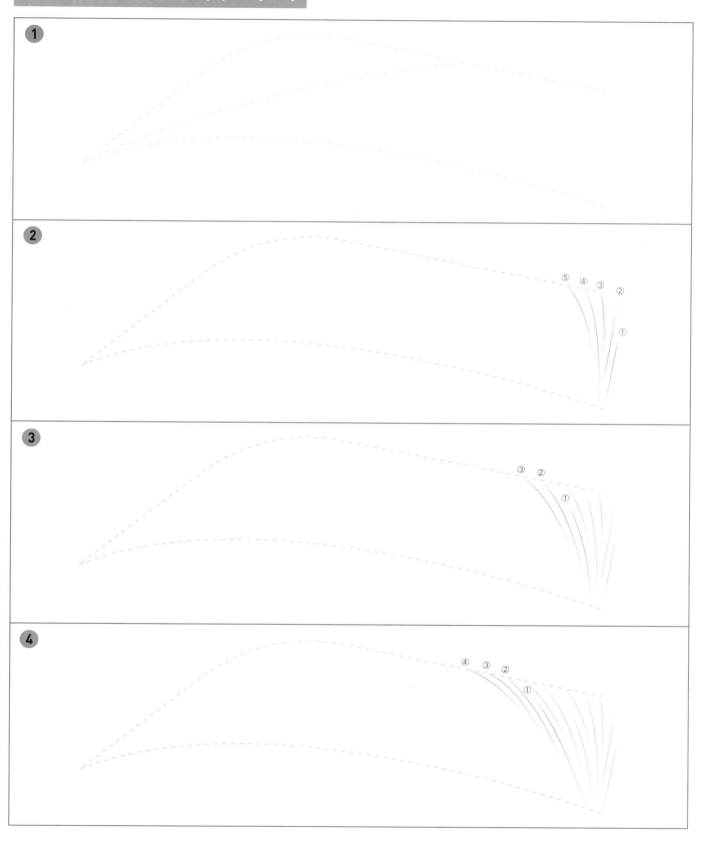

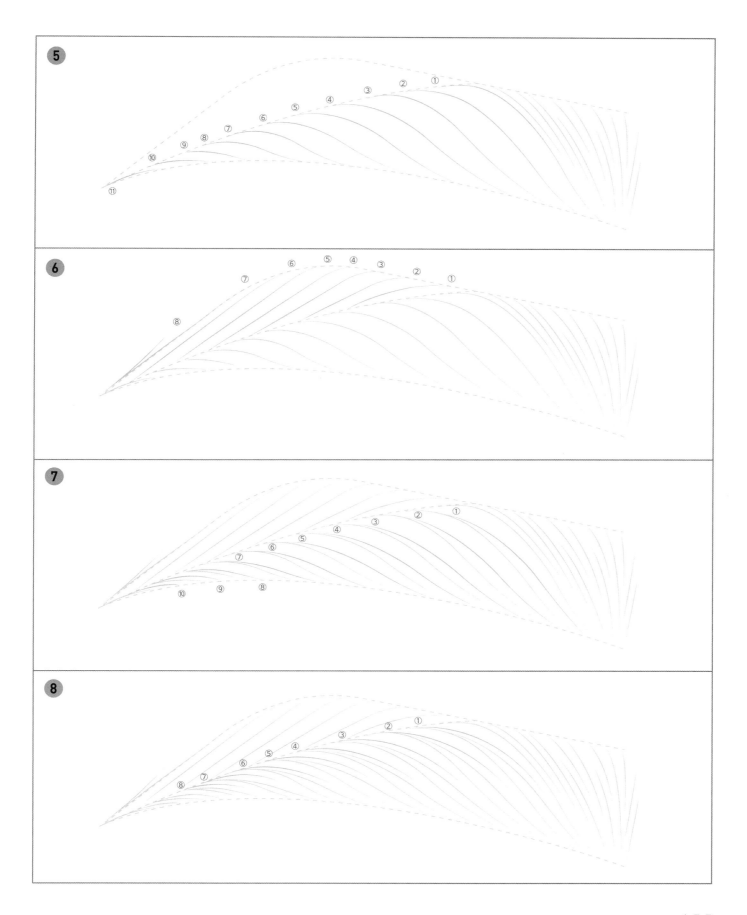

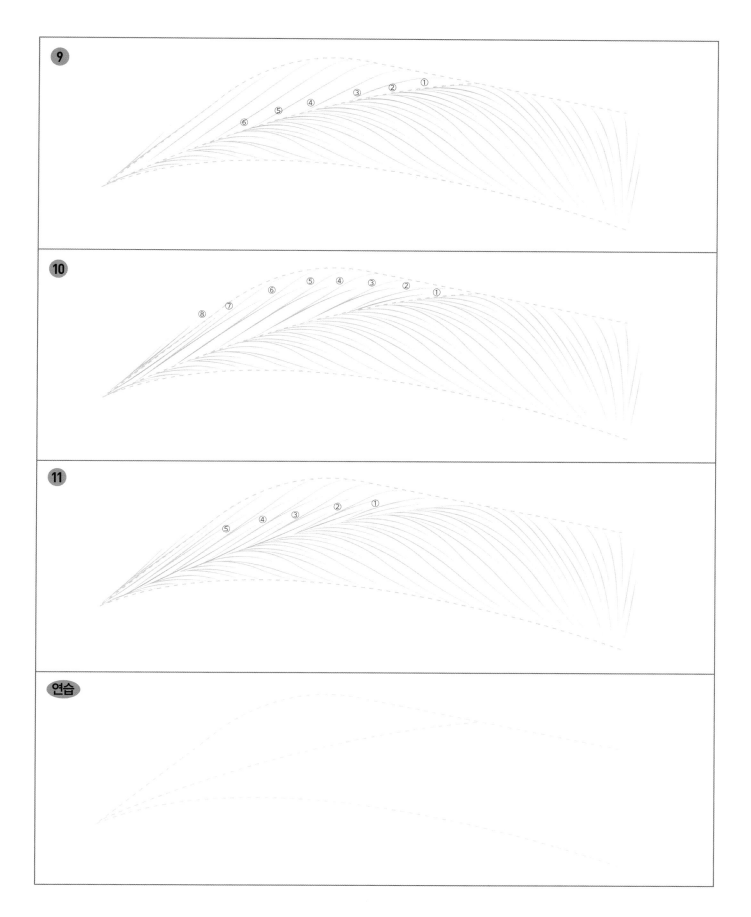

2 왼쪽 눈썹 엠보 응용결 ❶

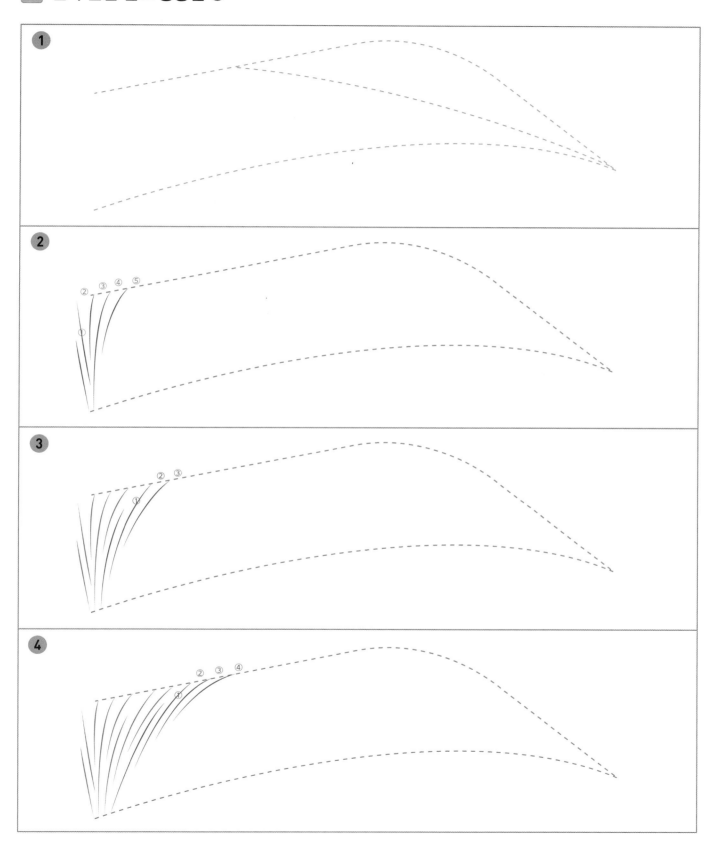

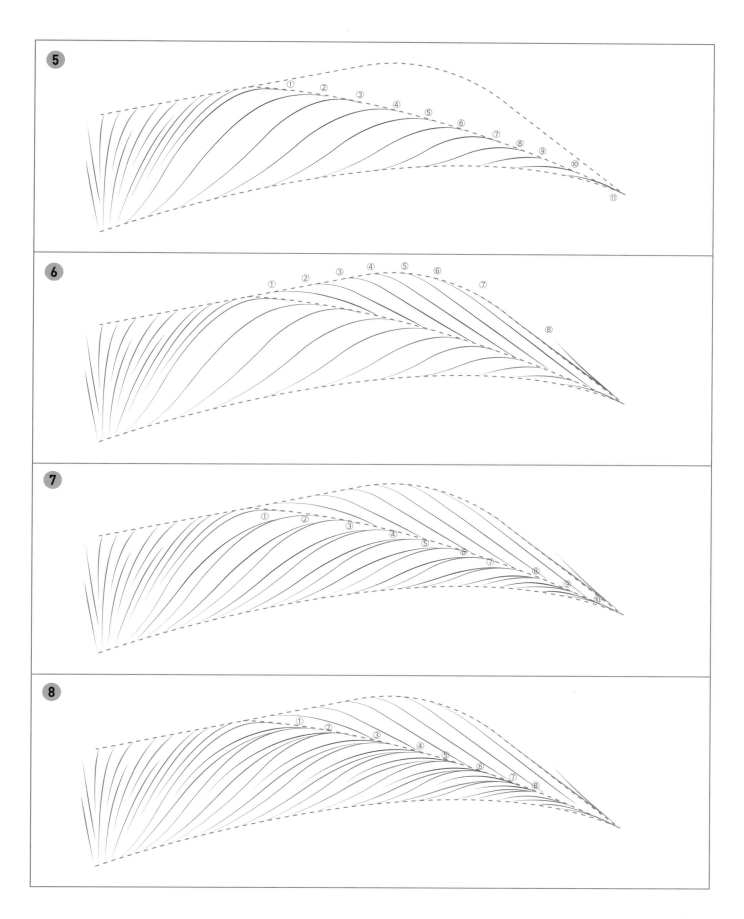

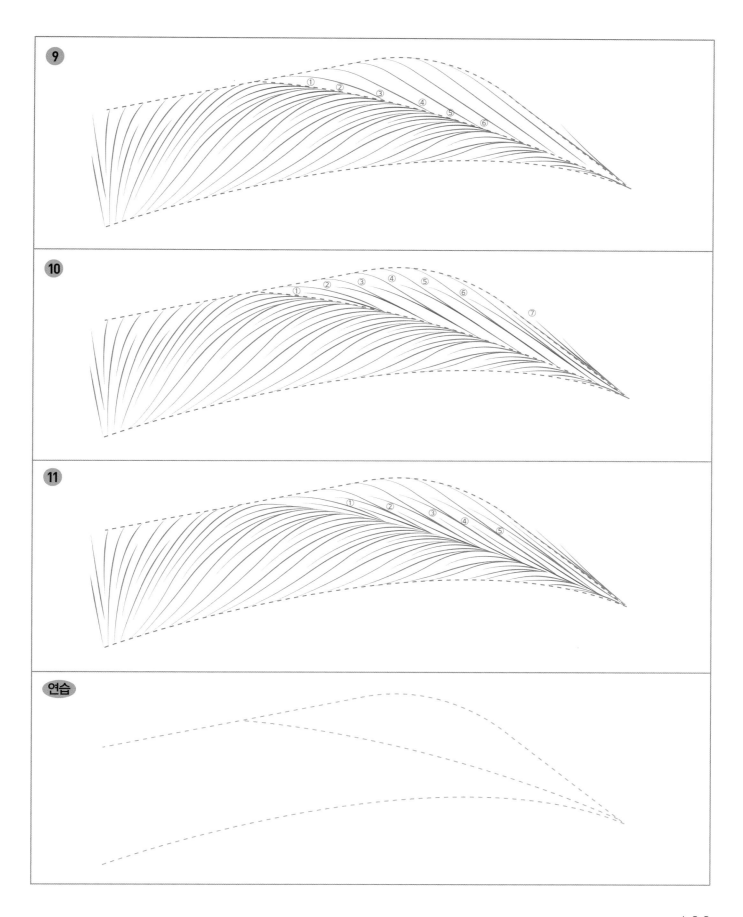

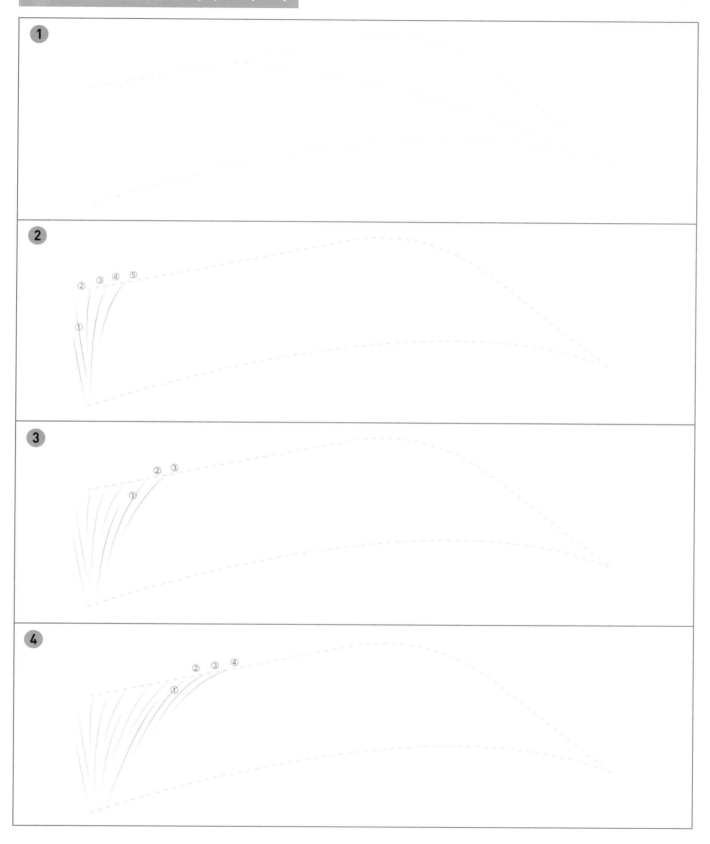

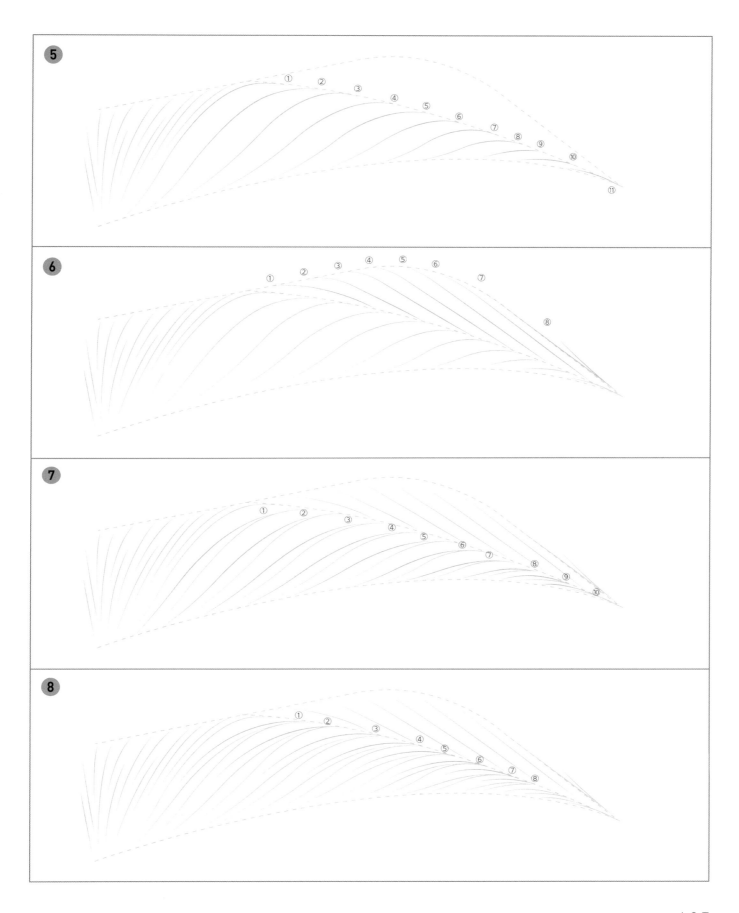

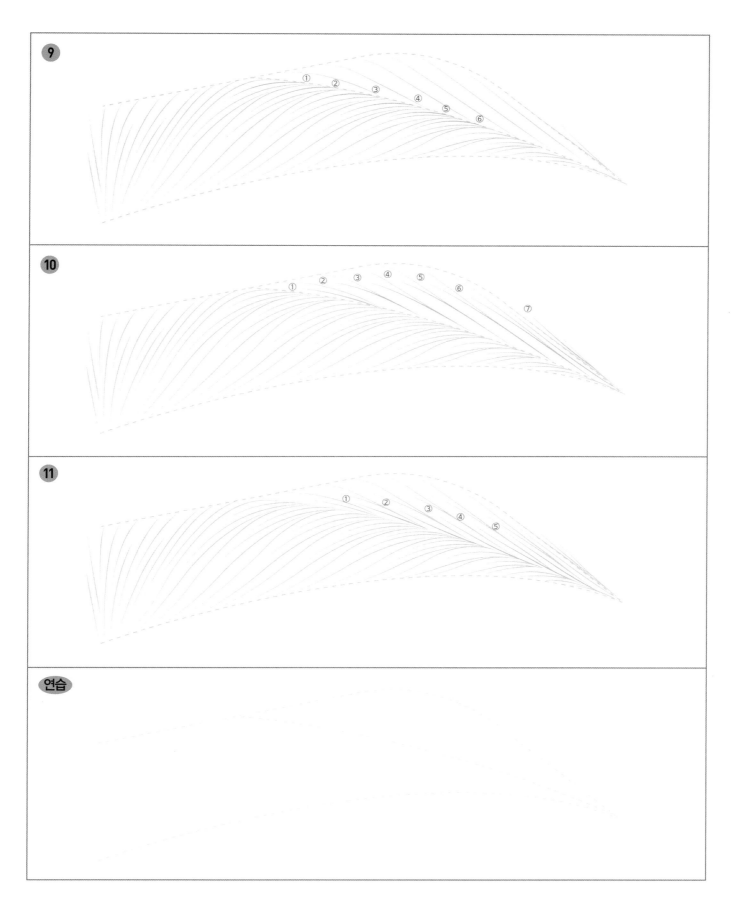

3 오른쪽 눈썹 엠보 응용결 ❶ 앞머리

4 왼쪽 눈썹 엠보 응용결 ❶ 앞머리

5 오른쪽 눈썹 엠보 응용결 ❶ 7-9선

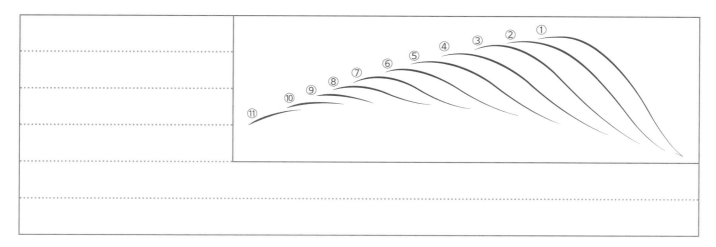

6 오른쪽 눈썹 엠보 응용결 ❶ 7-9선 사이선 1단

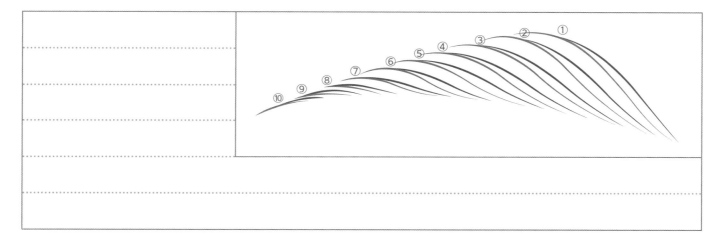

7 오른쪽 눈썹 엠보 응용결 ❶ 7-9선 사이선 2단

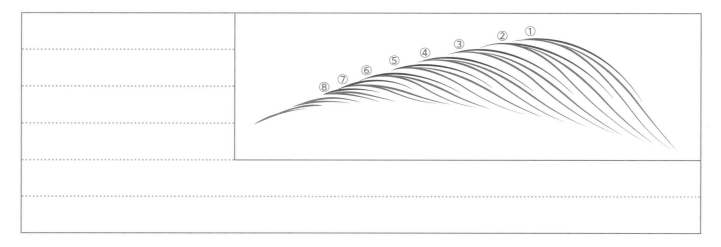

8 오른쪽 눈썹 엠보 응용결 ❶ 7–9선 사이선 3단

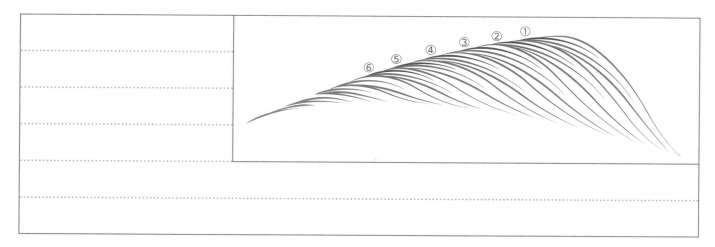

9 왼쪽 눈썹 엠보 응용결 ❶ 7–9선

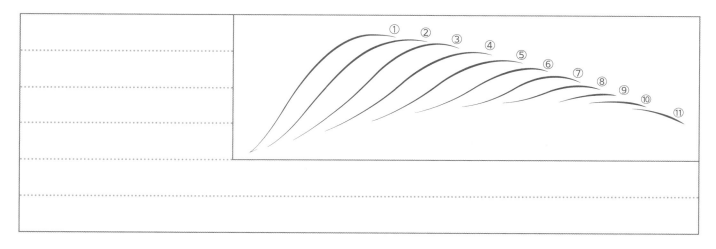

10 왼쪽 눈썹 엠보 응용결 ❶ 7–9선 사이선 1단

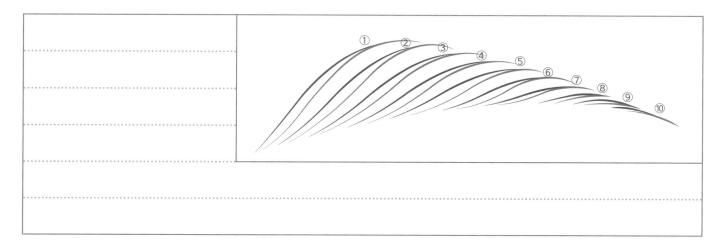

11 왼쪽 눈썹 엠보 응용결 ❶ 7-9선 사이선 2단

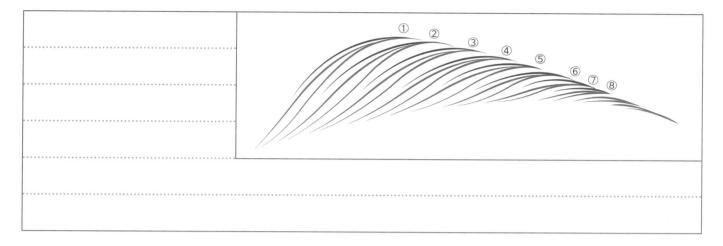

12 왼쪽 눈썹 엠보 응용결 ❶ 7-9선 사이선 3단

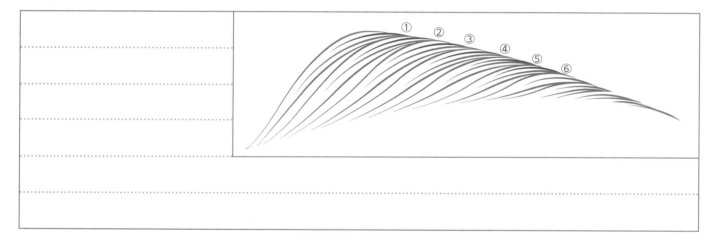

13 오른쪽 눈썹 엠보 응용결 ❶ 지붕선 1단

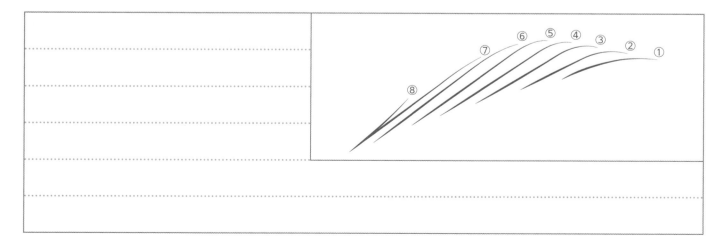

14 오른쪽 눈썹 엠보 응용결 ❶ 지붕선 2단

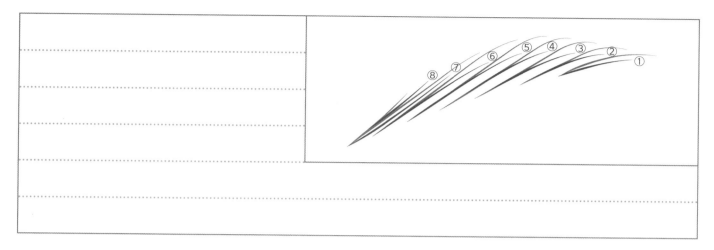

15 오른쪽 눈썹 엠보 응용결 ❶ 지붕선 3단

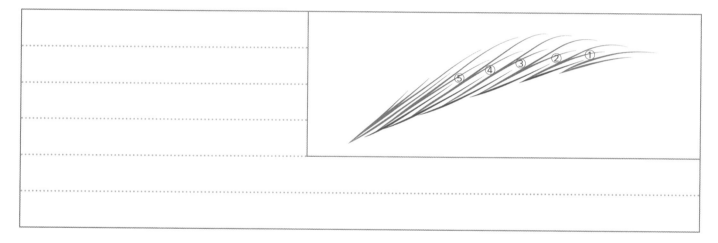

16 왼쪽 눈썹 엠보 응용결 ❶ 지붕선 1단

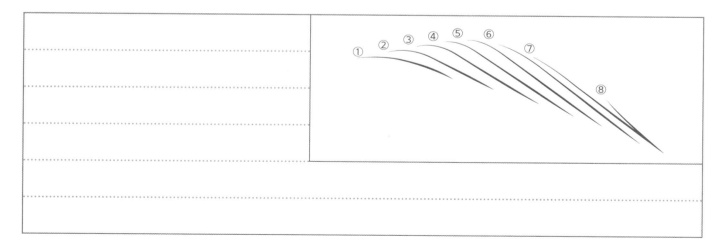

17 왼쪽 눈썹 엠보 응용결 ❶ 지붕선 2단

18 왼쪽 눈썹 엠보 응용결 ❶ 지붕선 3단

② 여자 눈썹 엠보 응용결 ❶ 기법 패턴 스케치 1

1 **오른쪽 눈썹 엠보 응용결 ❶**

2 왼쪽 눈썹 엠보 응용결 ❶

③ 여자 눈썹 엠보 응용결 ❶ 기법 패턴 스케치 2

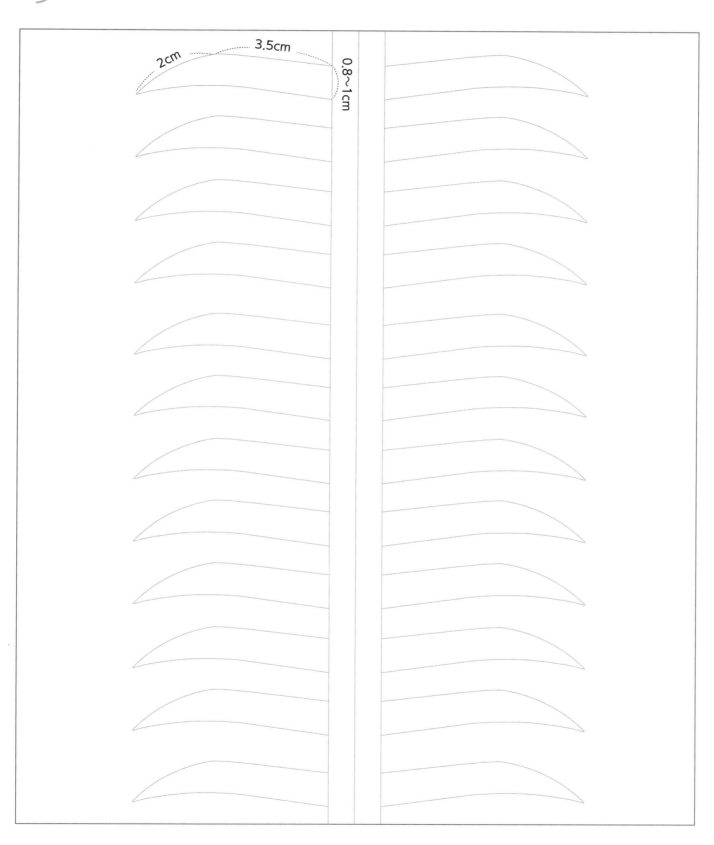

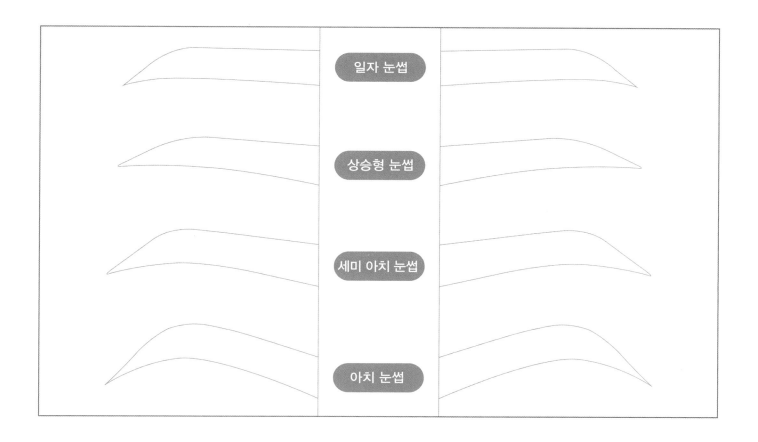

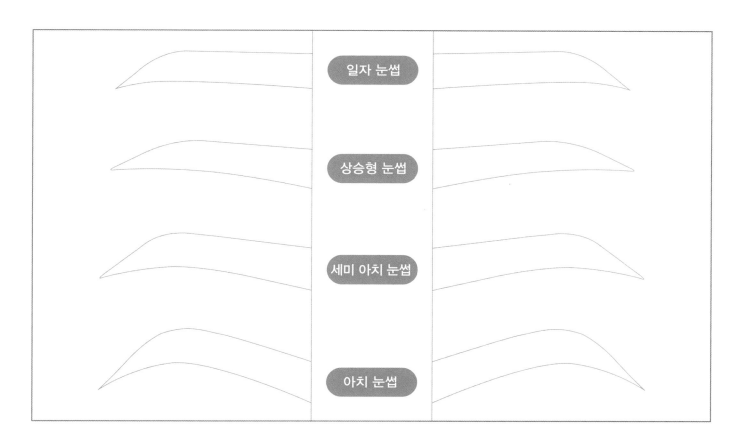

① 여자 눈썹 엠보 응용결 ❷ 기법 패턴

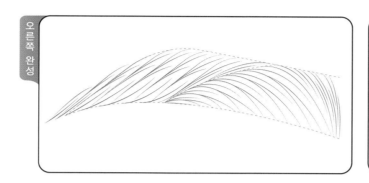

1 오른쪽 눈썹 엠보 응용결 ❷

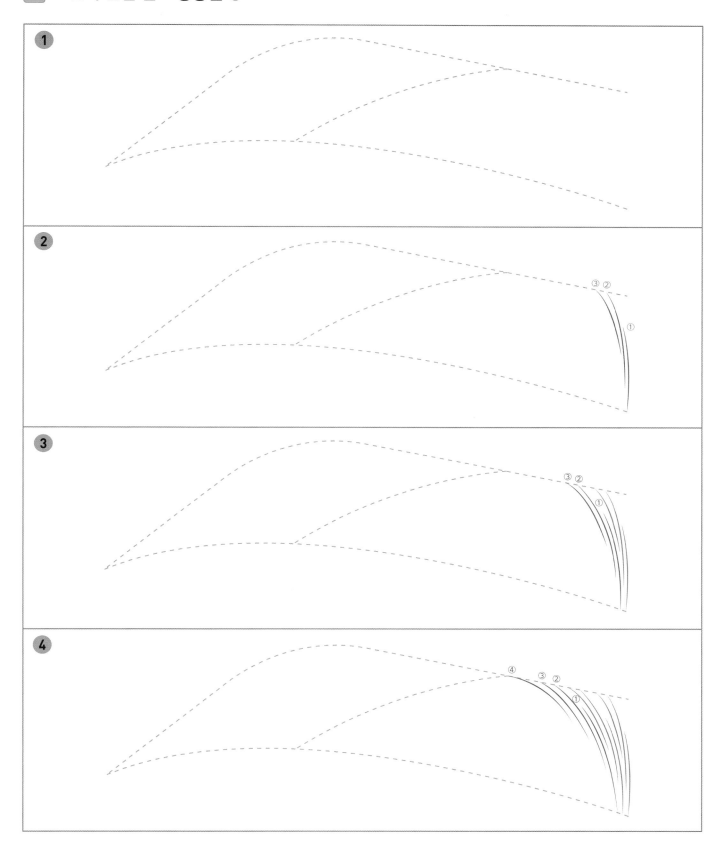

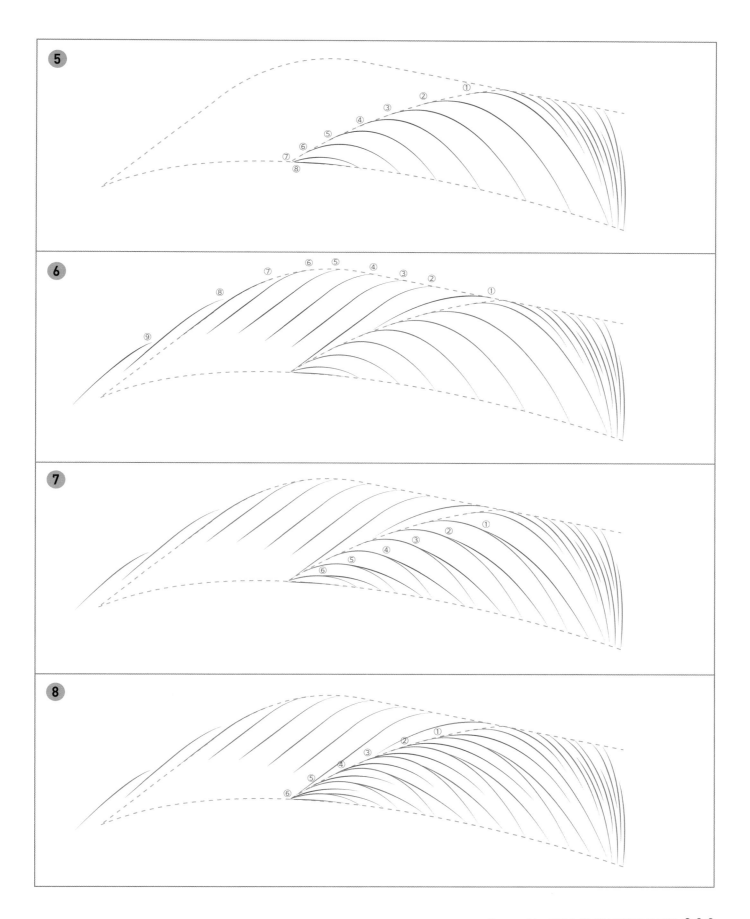

뷰티테라피스트를 위한 **반영구화장 실전 스킬 패턴북**

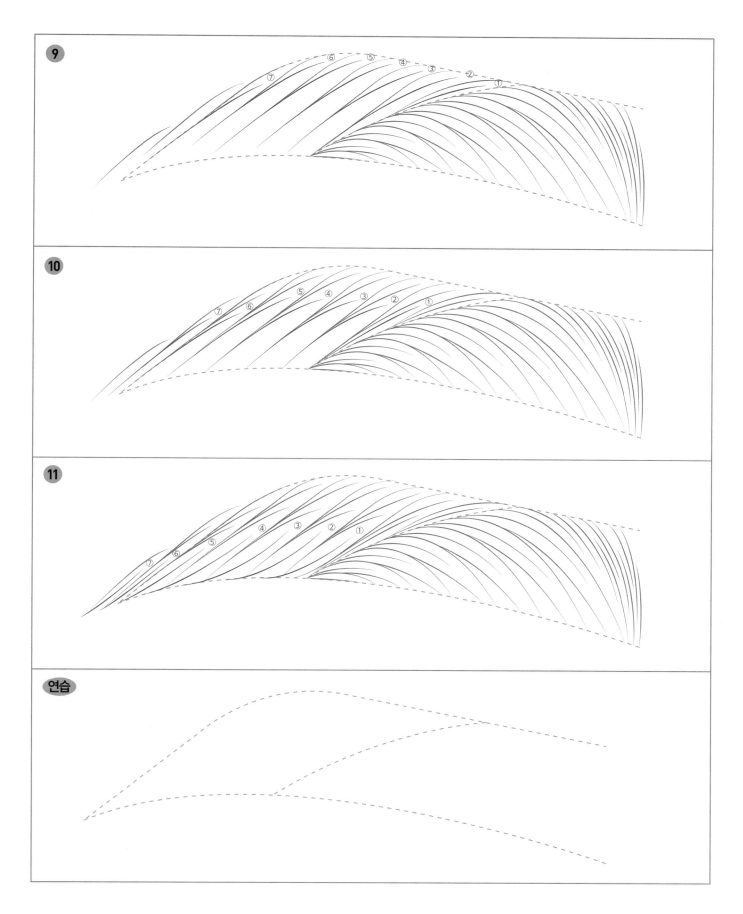

뷰티테라피스트를 위한 **반영구화장 실전 스킬 패턴북**

오른쪽 눈썹 엠보 응용결 ❷ 따라 그려보기

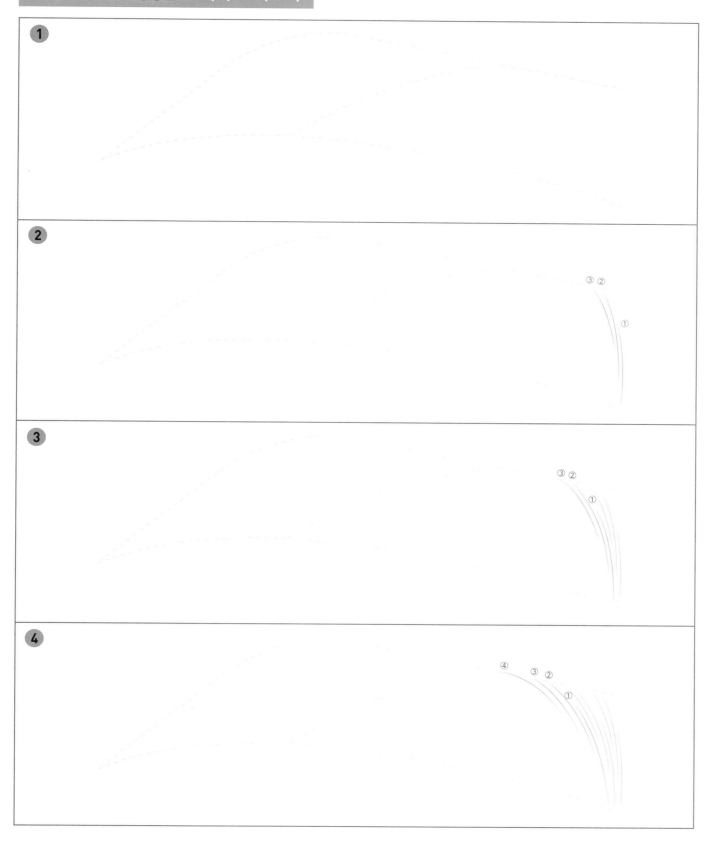

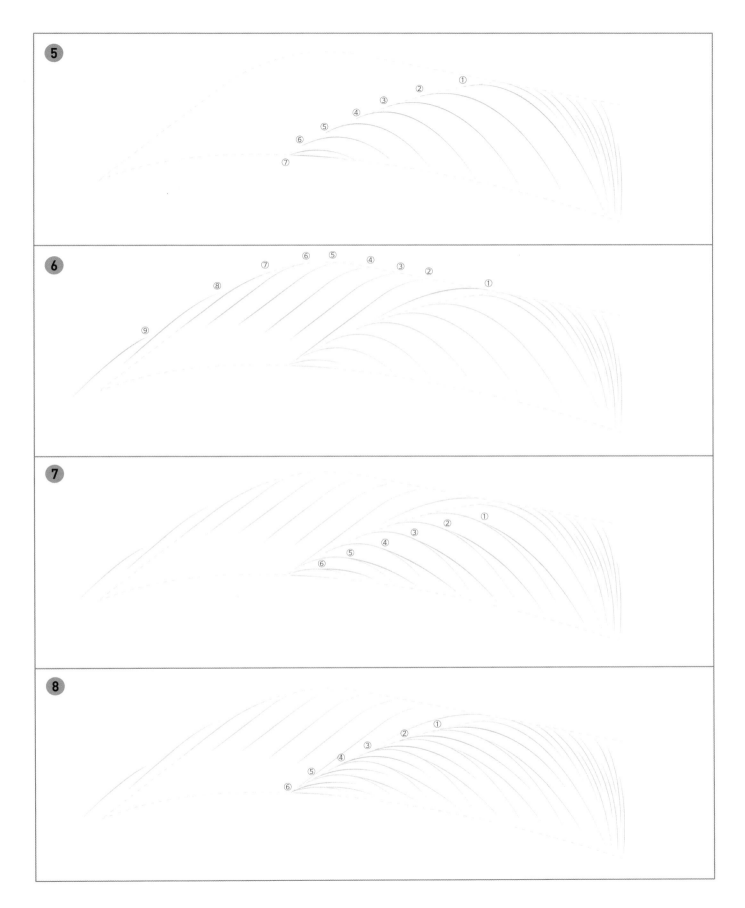

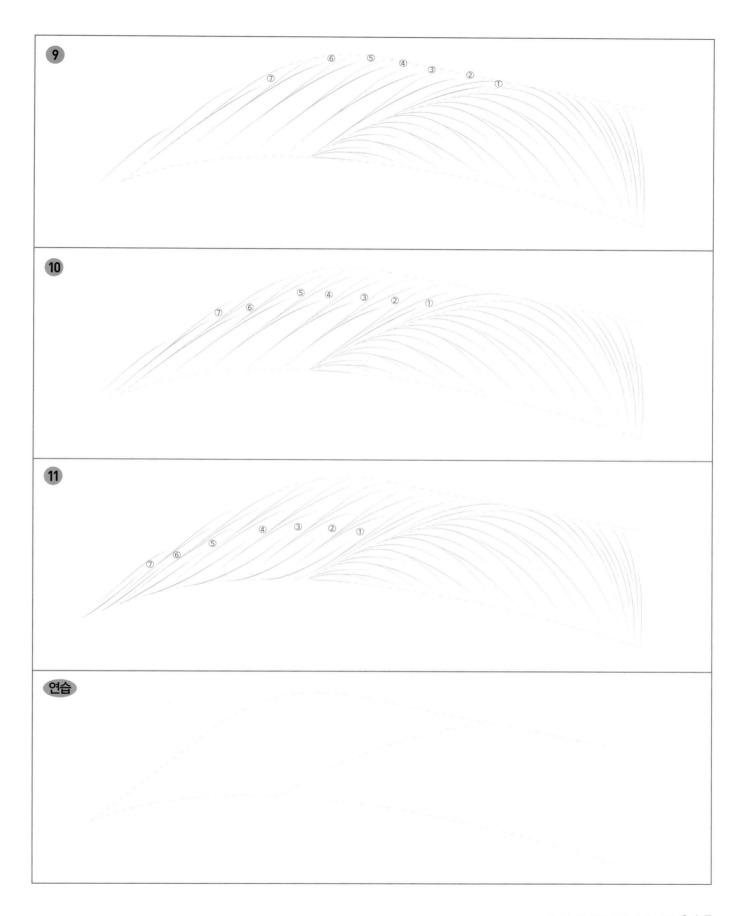

2 왼쪽 눈썹 엠보 응용결 ❷

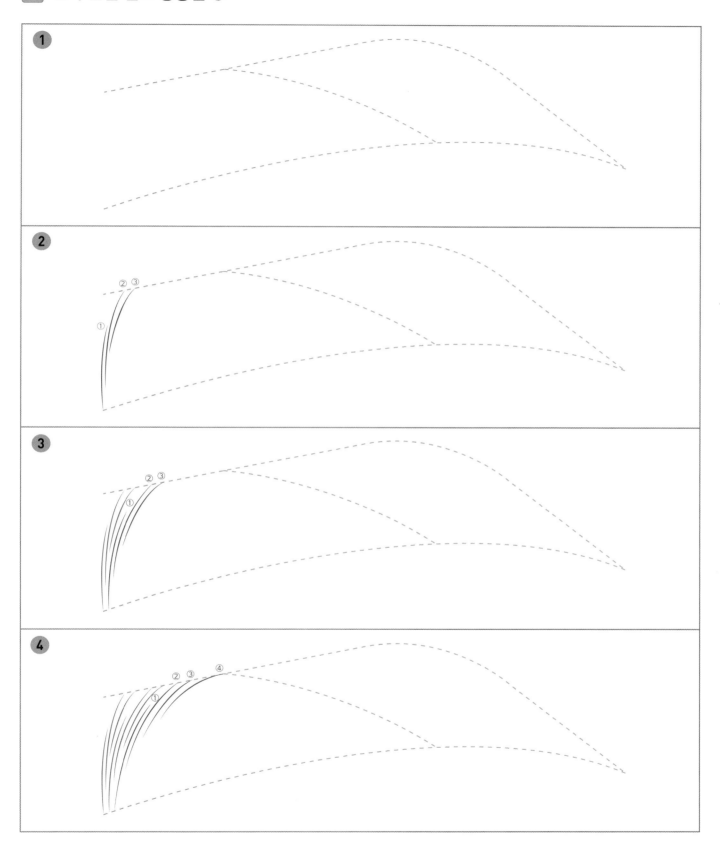

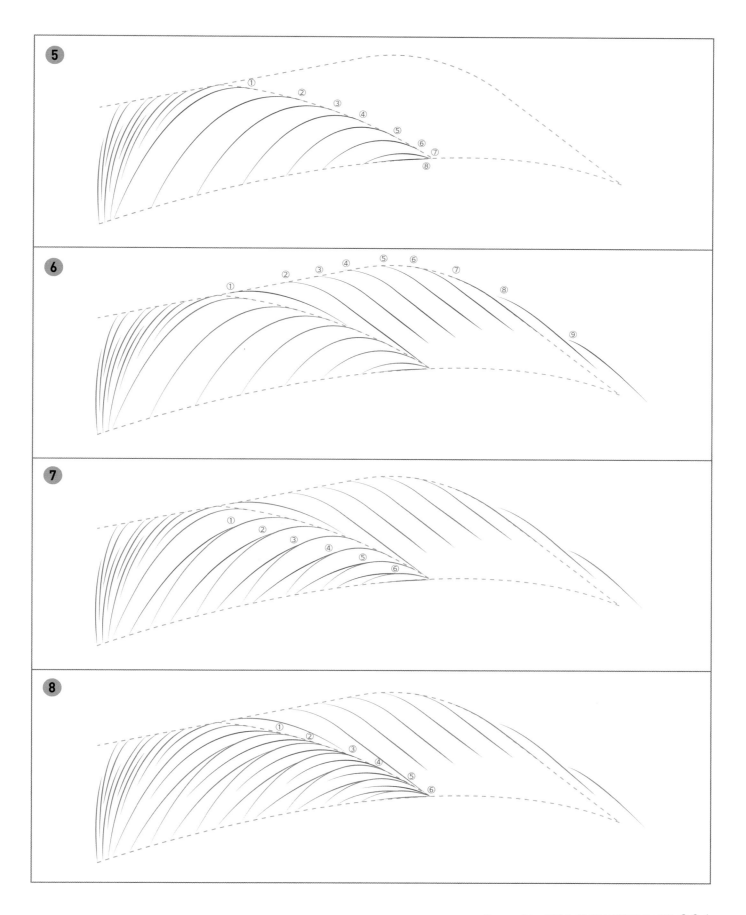

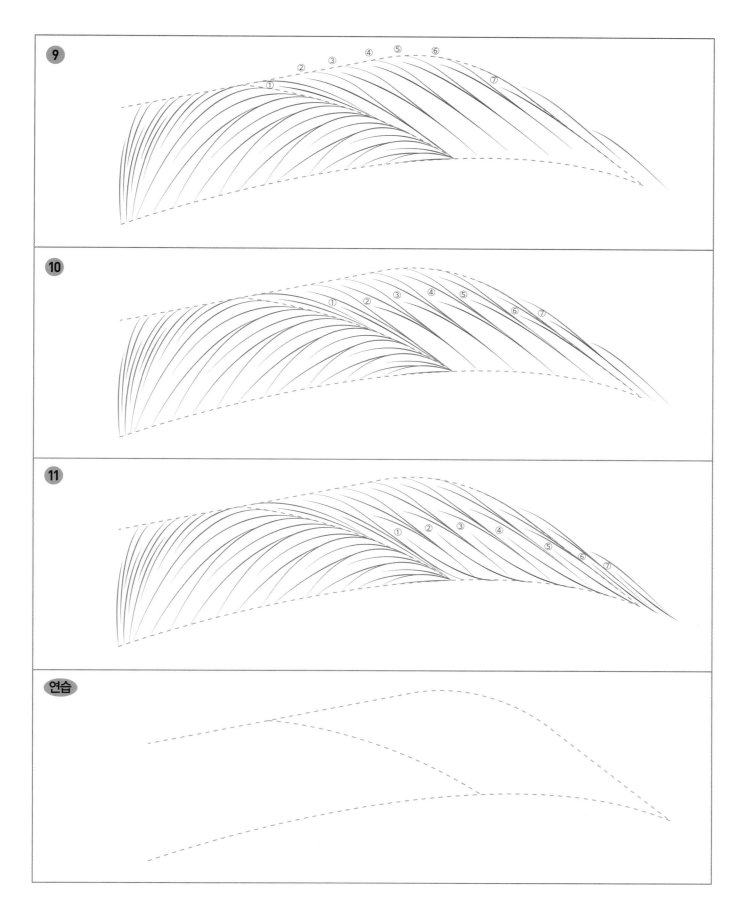

뷰티테라피스트를 위한 **반영구화장 실전 스킬 패턴북**

왼쪽 눈썹 엠보 응용결 ❷ 따라 그려보기

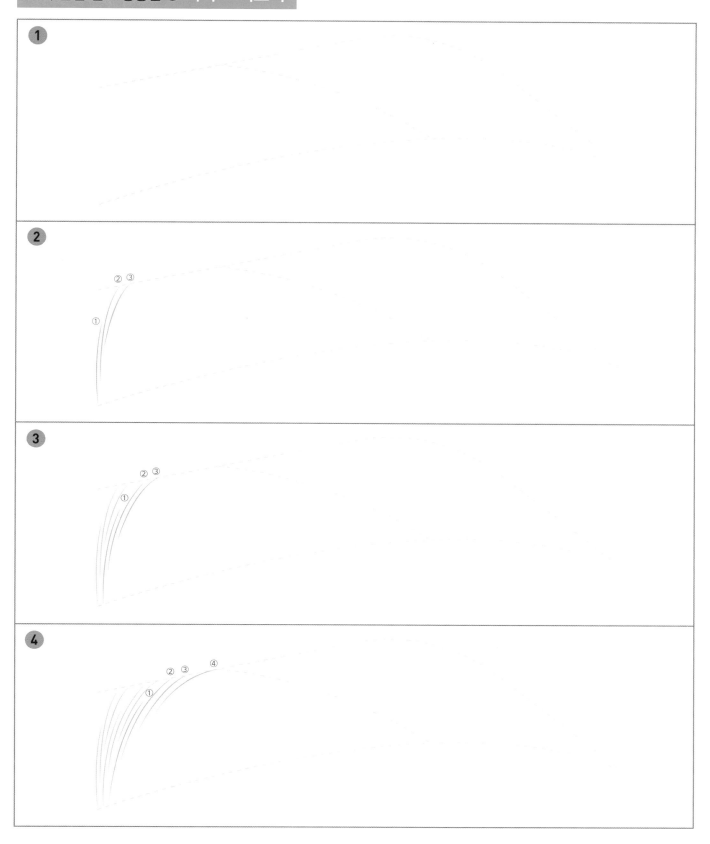

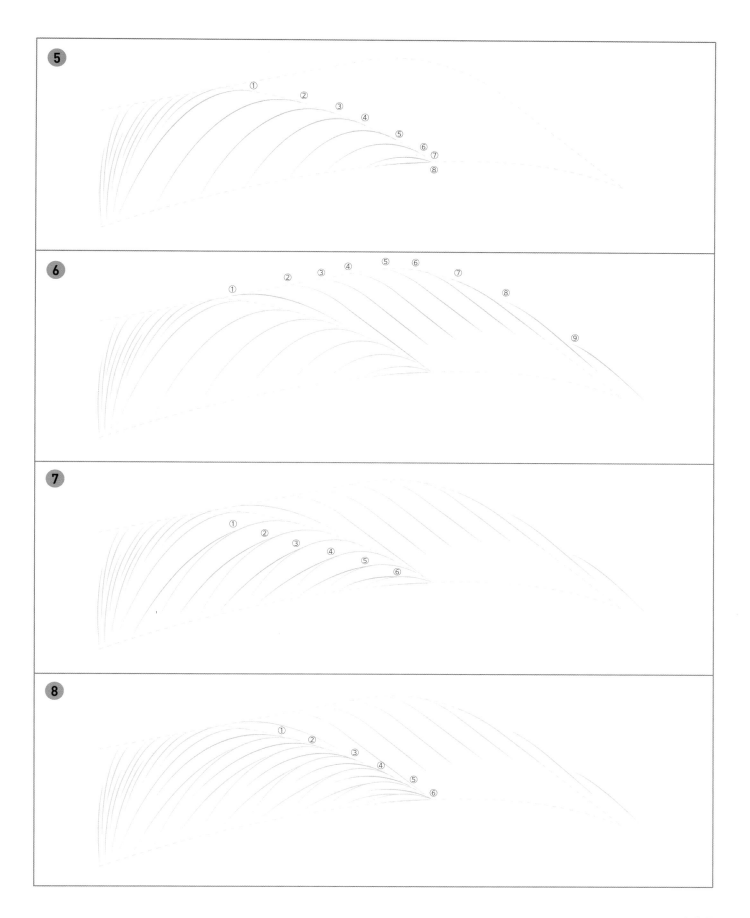

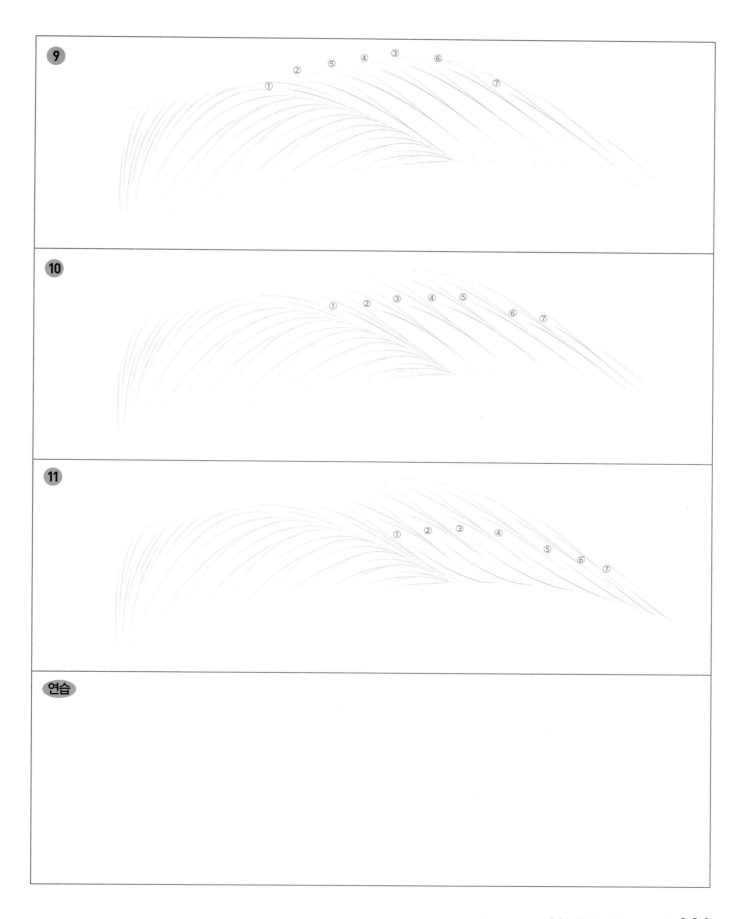

3 오른쪽 눈썹 엠보 응용결 ❷ 앞머리

4 **왼쪽 눈썹 엠보 응용결 ❷ 앞머리**

5 오른쪽 눈썹 엠보 응용결 ❷ 7-9선

6 오른쪽 눈썹 엠보 응용결 ❷ 7-9선 사이선 1단

7 오른쪽 눈썹 엠보 응용결 ❷ 7-9선 사이선 2단

8 왼쪽 눈썹 엠보 응용결 ❷ 7−9선

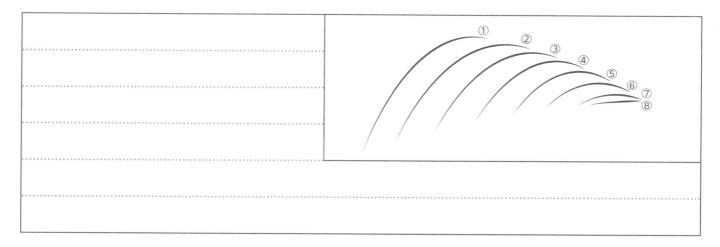

9 왼쪽 눈썹 엠보 응용결 ❷ 7−9선 사이선 1단

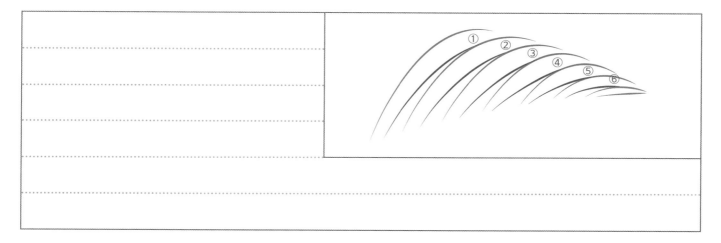

10 왼쪽 눈썹 엠보 응용결 ❷ 7−9선 사이선 2단

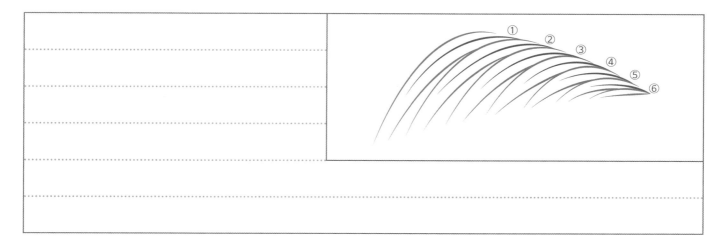

11 오른쪽 눈썹 엠보 응용결 ❷ 지붕선 1단

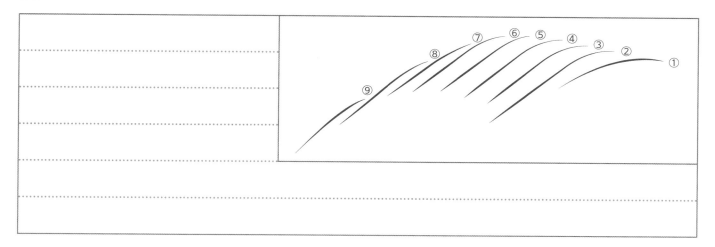

12 오른쪽 눈썹 엠보 응용결 ❷ 지붕선 2단

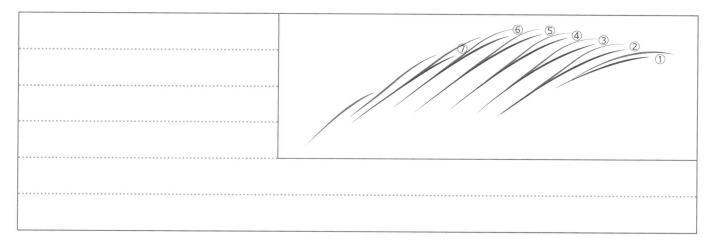

13 오른쪽 눈썹 엠보 응용결 ❷ 지붕선 3단

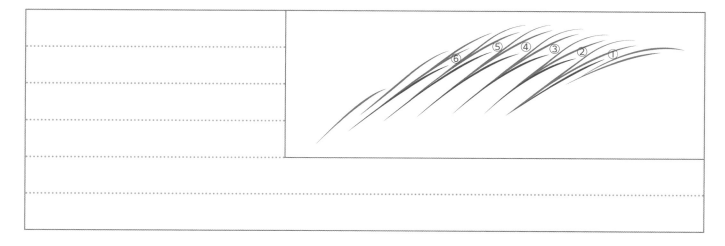

14 오른쪽 눈썹 엠보 응용결 ❷ 지붕선 4단

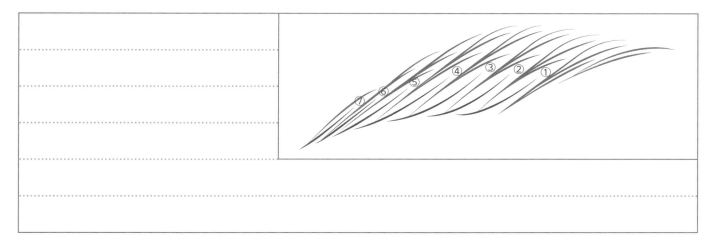

15 왼쪽 눈썹 엠보 응용결 ❷ 지붕선 1단

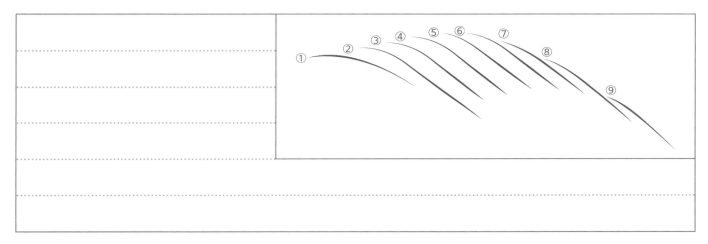

16 왼쪽 눈썹 엠보 응용결 ❷ 지붕선 2단

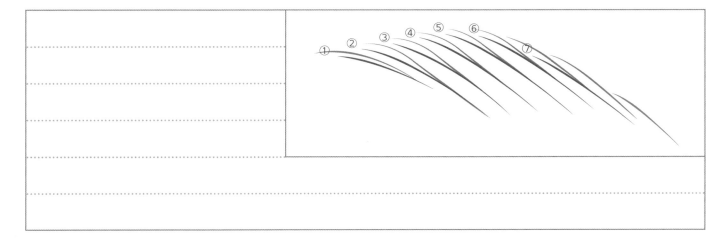

17 왼쪽 눈썹 엠보 응용결 ❷ 지붕선 3단

18 왼쪽 눈썹 엠보 응용결 ❷ 지붕선 4단

1 오른쪽 눈썹 엠보 응용결 ❷

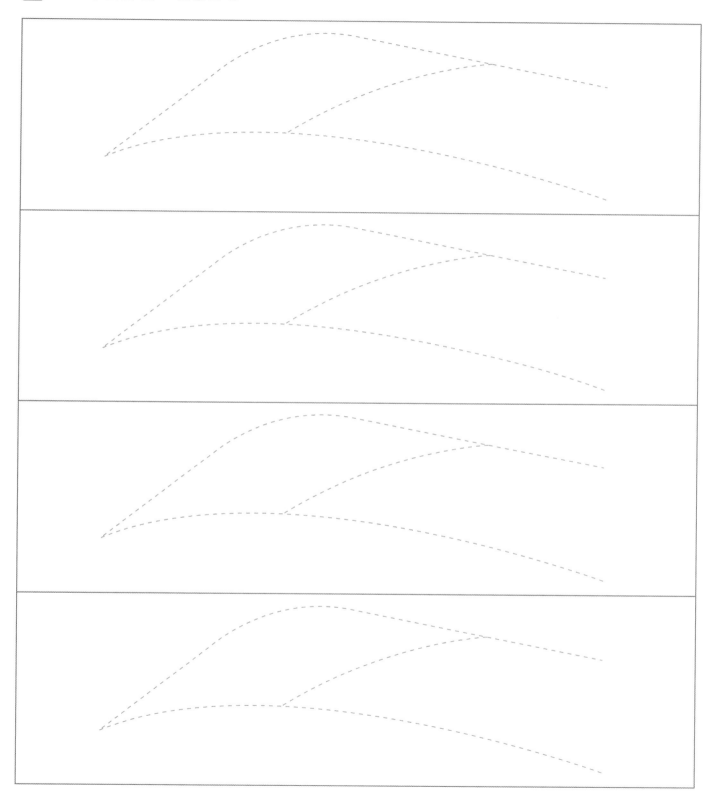

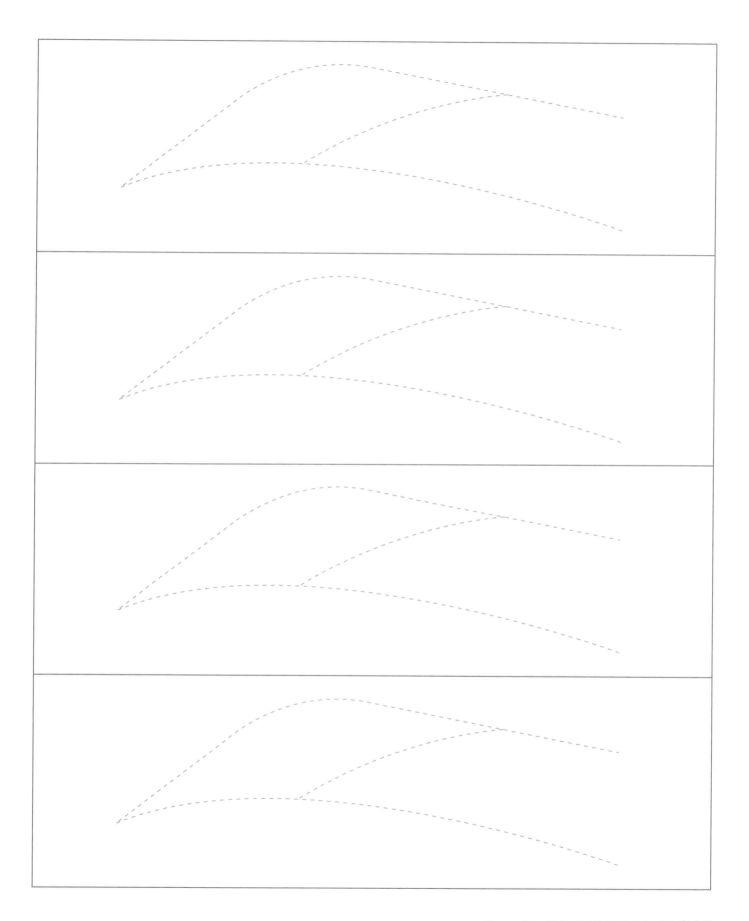

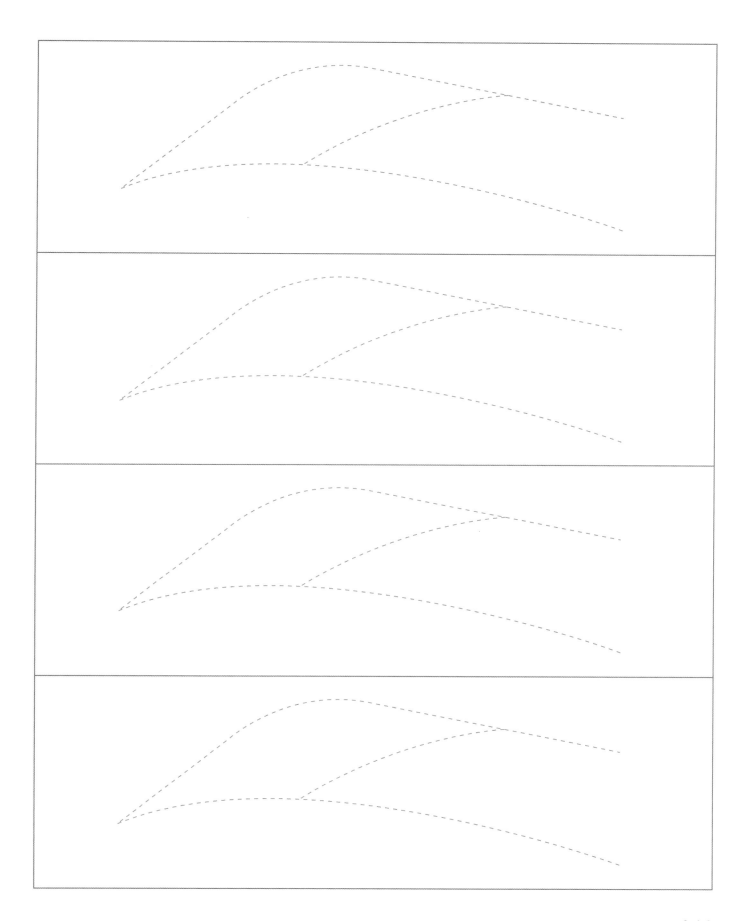

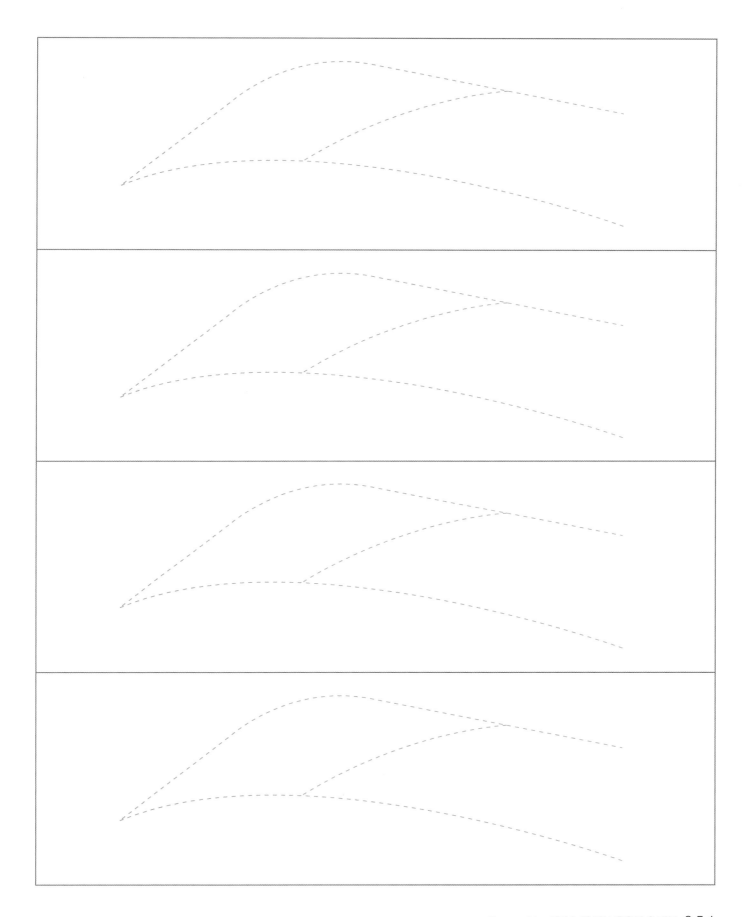

2 왼쪽 눈썹 엠보 응용결 ❷

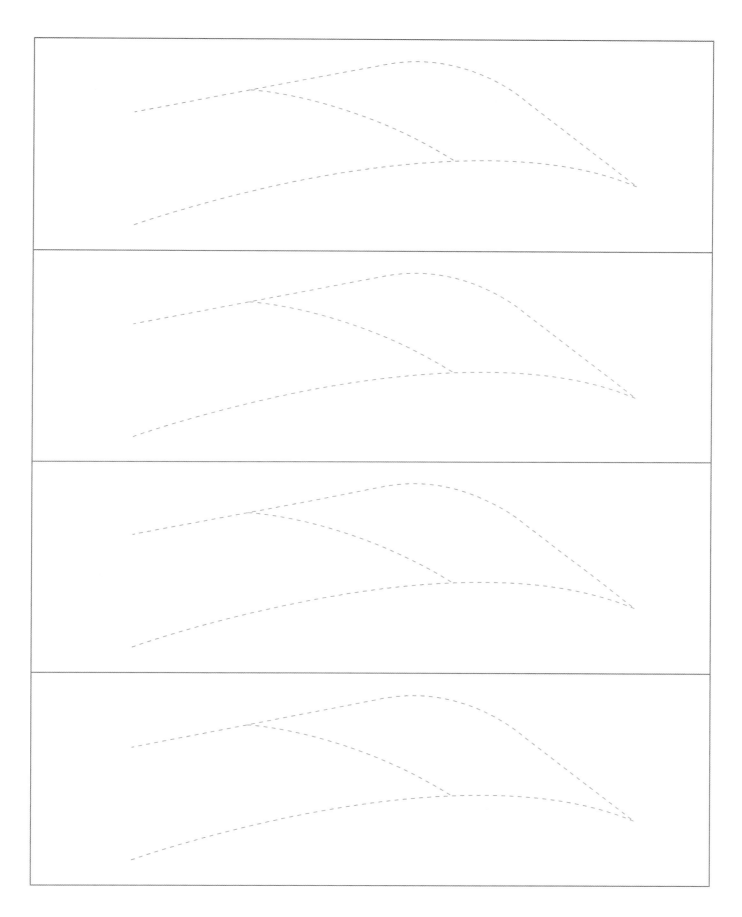

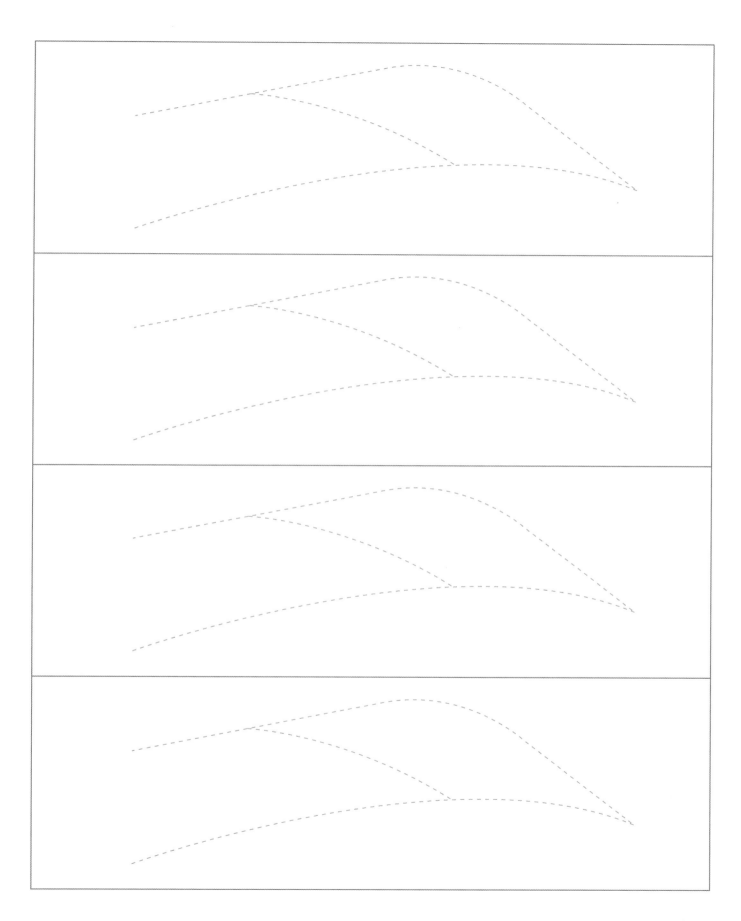

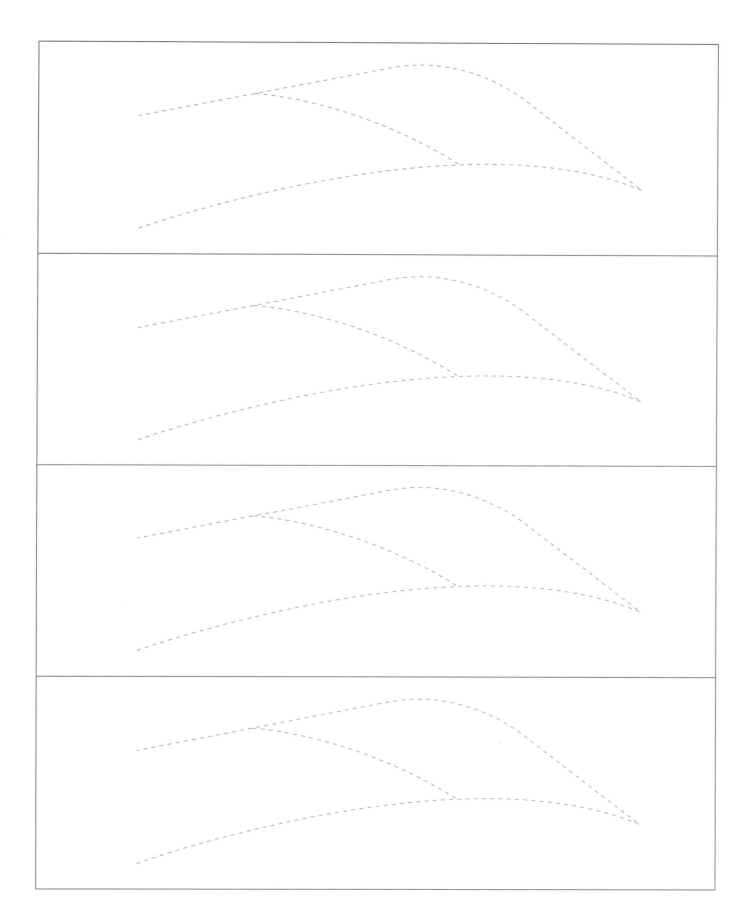

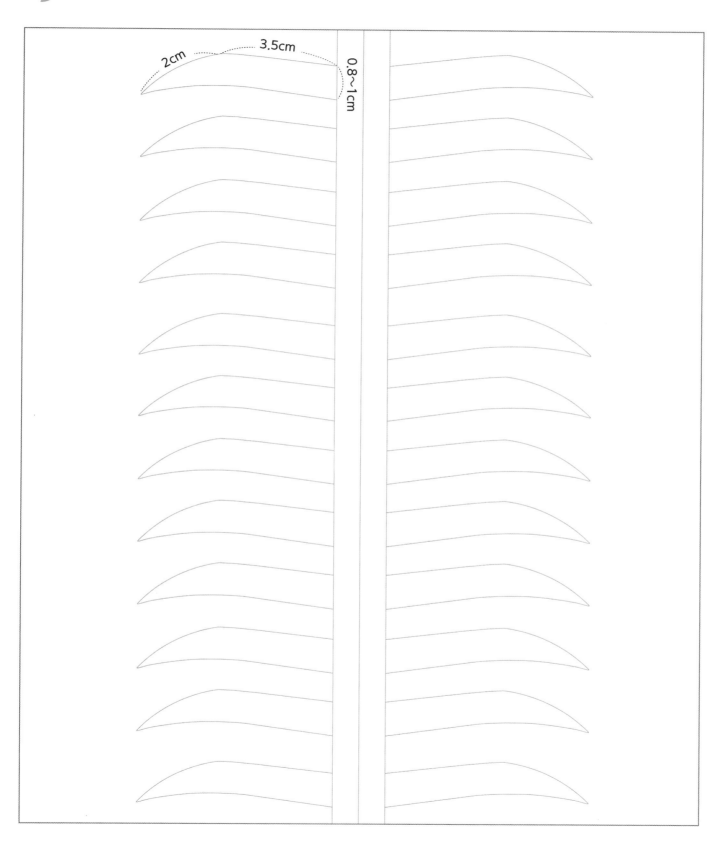

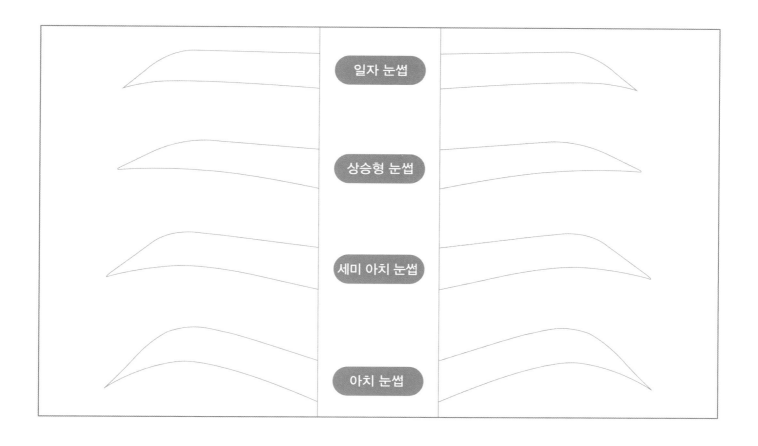

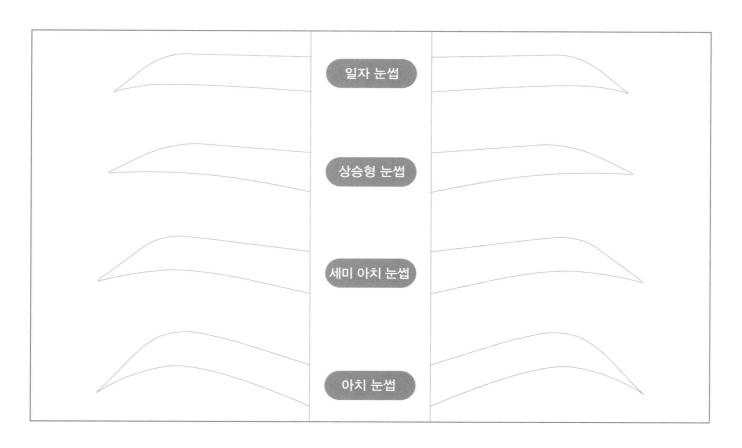

① 남자 눈썹 엠보 기법 패턴

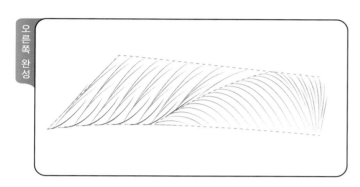
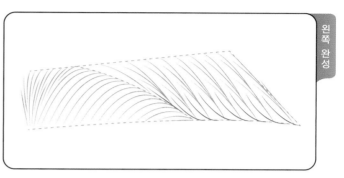

1 오른쪽 눈썹 엠보

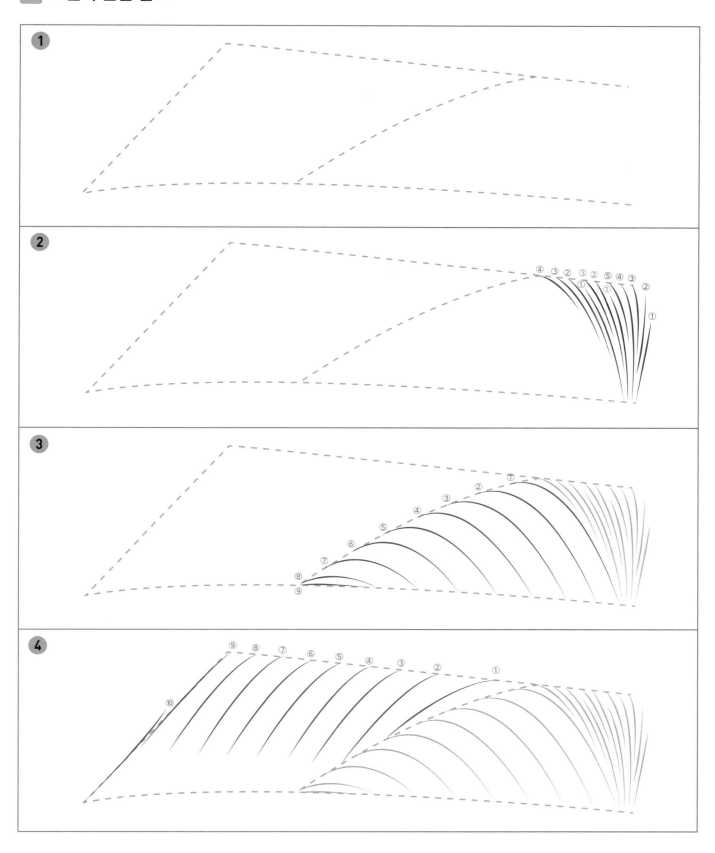

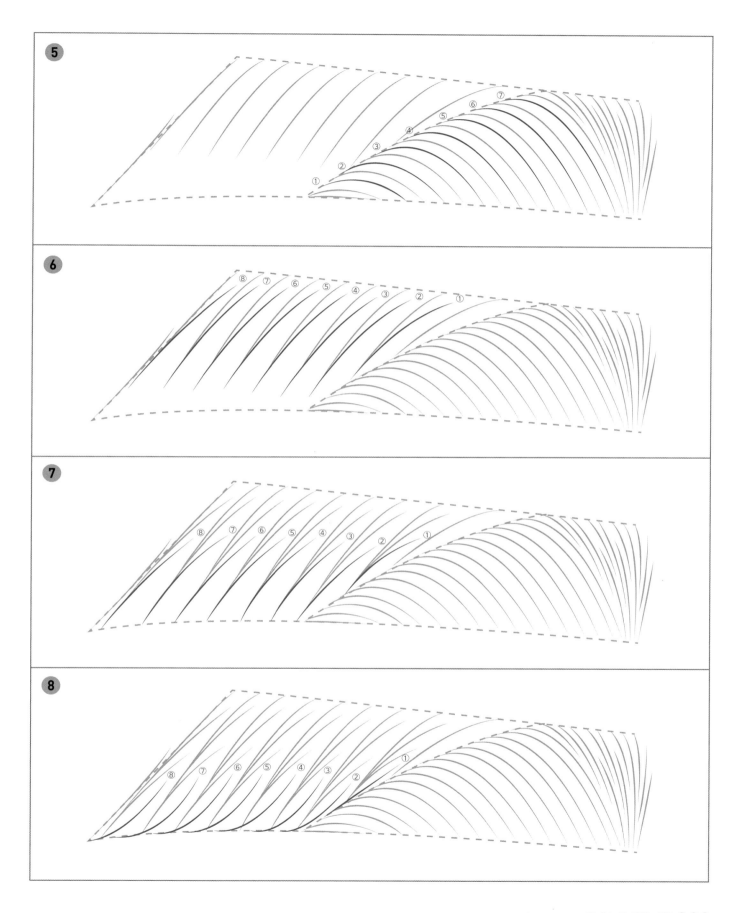

오른쪽 눈썹 엠보 **따라 그려보기**

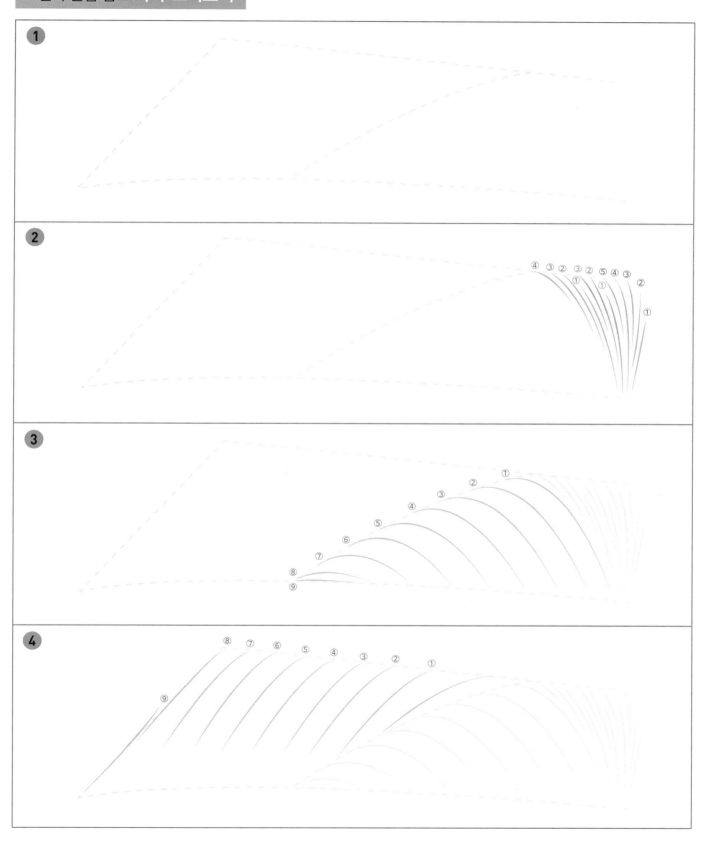

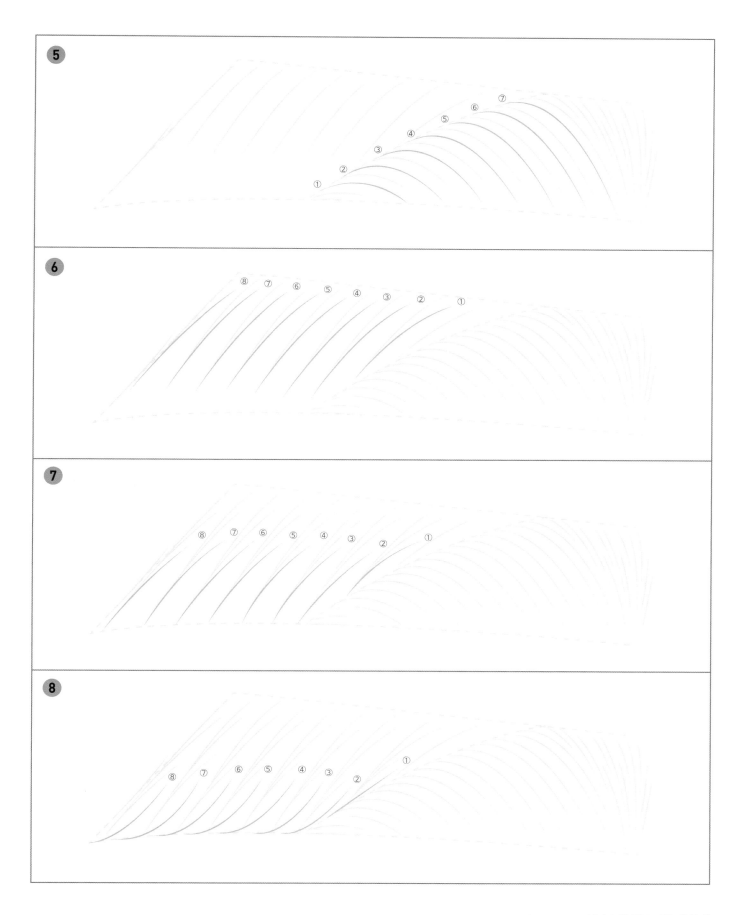

2 왼쪽 눈썹 엠보

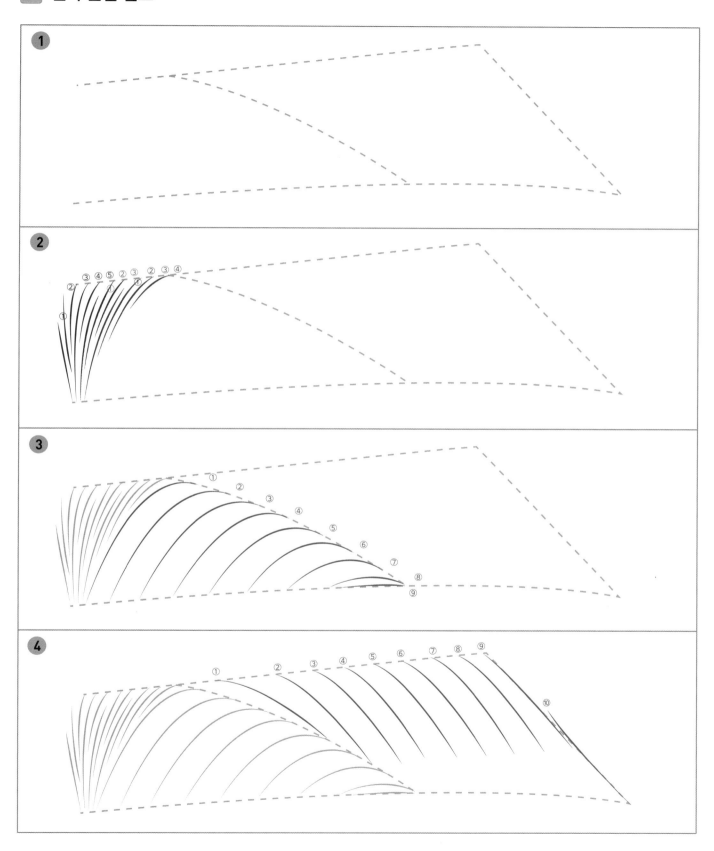

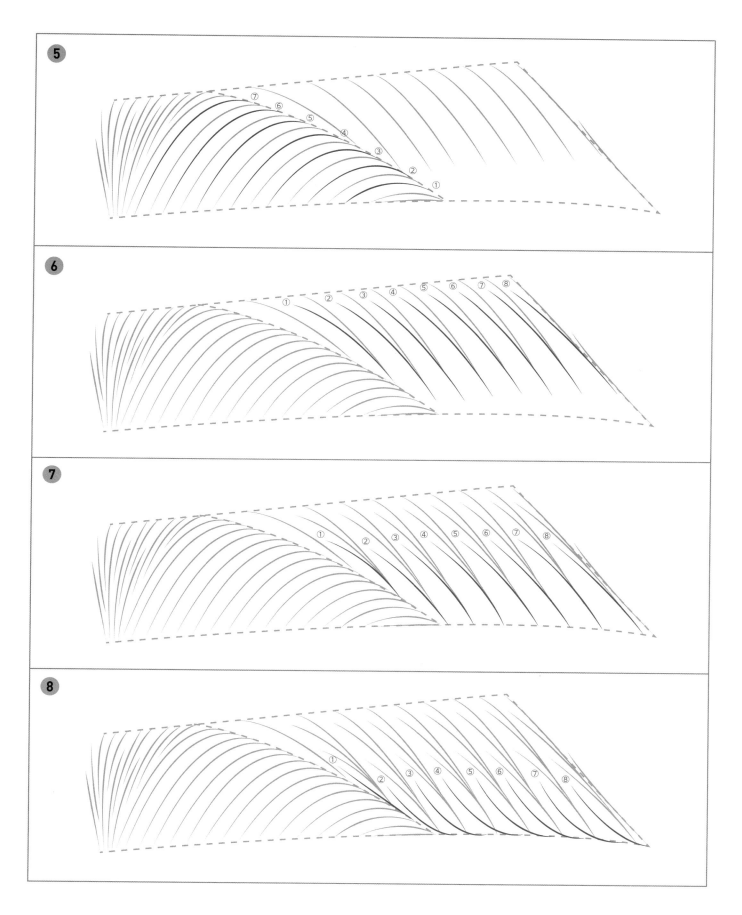

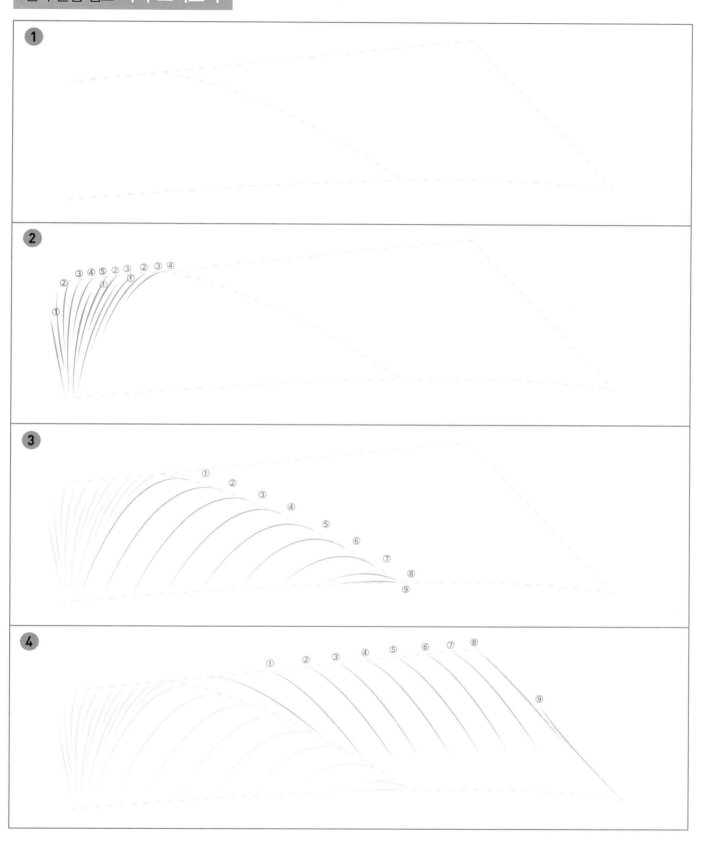

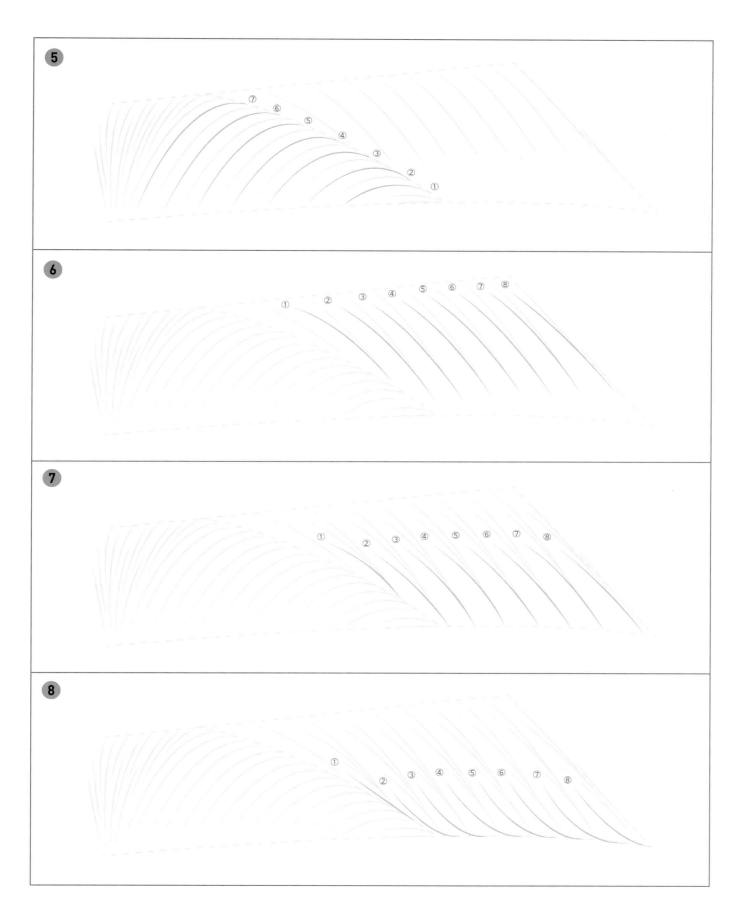

3 오른쪽 눈썹 엠보 앞머리

뷰티테라피스트를 위한 **반영구화장 실전 스킬 패턴북**

4 **왼쪽 눈썹 엠보 앞머리**

5 오른쪽 눈썹 엠보 7-9선

6 오른쪽 눈썹 엠보 7-9선 사이선

7 왼쪽 눈썹 엠보 7-9선

8 왼쪽 눈썹 엠보 7-9선 사이선

9 오른쪽 눈썹 엠보 지붕선 1단

10 오른쪽 눈썹 엠보 지붕선 2단

11 오른쪽 눈썹 엠보 지붕선 3단

12 오른쪽 눈썹 엠보 지붕선 4단(닫는 선)

13 왼쪽 눈썹 엠보 지붕선 1단

14 왼쪽 눈썹 엠보 지붕선 2단

15 왼쪽 눈썹 엠보 지붕선 3단

16 왼쪽 눈썹 엠보 지붕선 4단(닫는 선)

② 남자 눈썹 엠보 기법 패턴 스케치 1

1 오른쪽 눈썹 엠보

2 왼쪽 눈썹 엠보

뷰티테라피스트를 위한 **반영구화장 실전 스킬 패턴북**

뷰티테라피스트를 위한 **반영구화장 실전 스킬 패턴북**

뷰티테라피스트를 위한 **반영구화장 실전 스킬 패턴북**

③ 남자 눈썹 엠보 기법 패턴 스케치 2

뷰티테라피스트를 위한 **반영구화장 실전 스킬 패턴북**

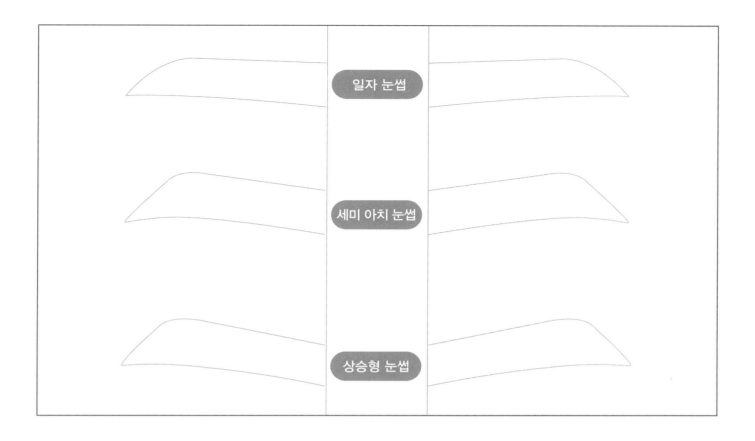

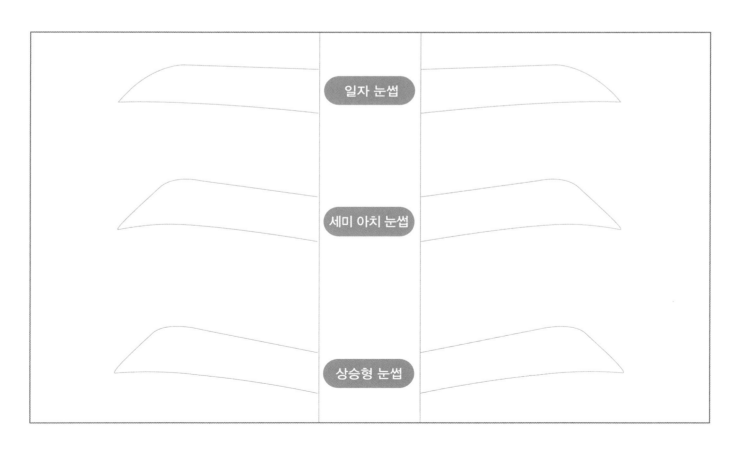

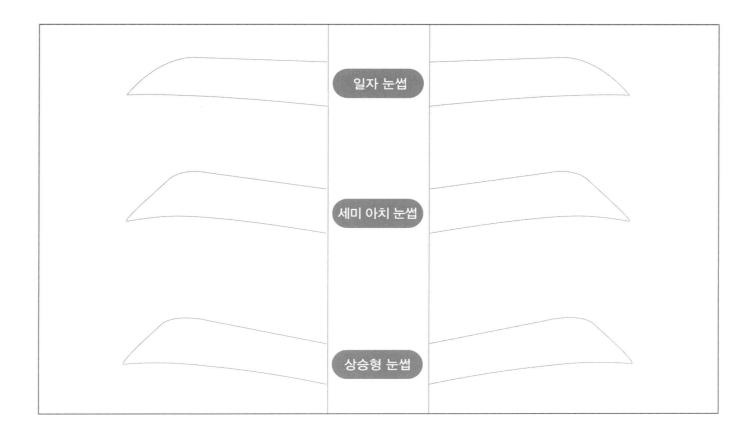

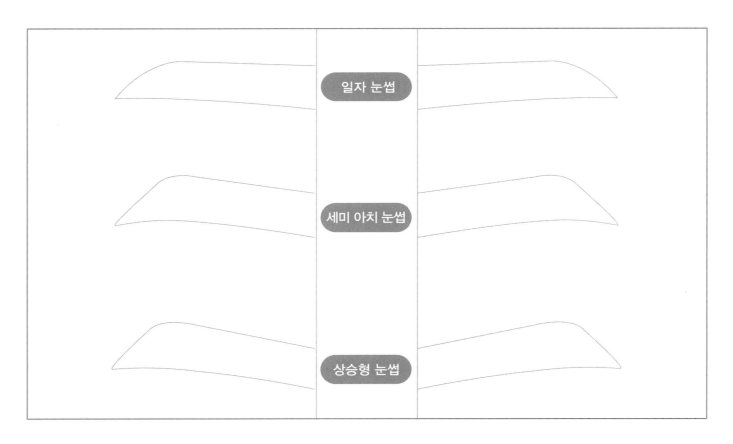